家装材料选购与施工指南系列

精品推荐

铺装与胶凝材料

胡爱萍 编著

选购技巧

施工要点

装修内幕

中国建筑工业出版社年度品牌巨献·重点策划出版项目·聚集国内一线装饰材料专家

包容市场上能买到的**180种**家装材料，附含**1800张**实景图片

指明材料**名称**、**特性**、**规格**、**价格**、**使用范围**

重点分析材料的**选购技巧**与**施工要点**，揭开**装修内幕**

中国建筑工业出版社

图书在版编目（CIP）数据

铺装与胶凝材料／胡爱萍编著. —北京：中国建筑
工业出版社，2014.7
（家装材料选购与施工指南系列）
ISBN 978-7-112-16814-9

Ⅰ．①铺… Ⅱ．①胡… Ⅲ．①住宅－室内装修－装
修材料－基本知识 Ⅳ．①TU56

中国版本图书馆CIP数据核字（2014）第095815号

责任编辑：孙立波　白玉美　率　琦
责任校对：李美娜　刘梦然

家装材料选购与施工指南系列

铺装与胶凝材料

胡爱萍　编著

*

中国建筑工业出版社出版、发行（北京西郊百万庄）
各地新华书店、建筑书店经销
北京锋尚制版有限公司制版
北京画中画印刷有限公司印刷

*

开本：880×1230毫米　1/32　印张：4½　字数：130千字
2014年6月第一版　2014年6月第一次印刷
定价：30.00元
ISBN 978 – 7 – 112 – 16814 – 9
（25611）

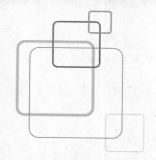

前 言

　　家居装修向来是件复杂且必不可少的事情，每个家庭都要面对。解决装修中的诸多问题需要一定的专业技能，其中蕴含着深奥的学问。本书对繁琐且深奥的装饰进行分解，化难为易，为广大装修业主提供切实有效的参考依据。

　　家居装修的质量主要是由材料与施工两方面决定的，而施工的主要媒介又是材料，因此，材料在家居装修质量中占据着举足轻重的地位，但不少装修业主对材料的识别、选购、应用等知识一直感到很困惑，如此复杂的内容不可能在短期内完全精通，甚至粗略了解一下都需要花费不少时间。本书正是为了帮助装修业主快速且深入地掌握装修材料而推出的全新手册，为广大装修业主学习家装材料知识提供了便捷的渠道。

　　现代家装材料品种丰富，装修业主在选购之前应该基本熟悉材料的名称、工艺、特性、用途、规格、价格、鉴别方法7个方面的内容。一般而言，常用的装修材料都会有2~3个名称，选购时要分清学名与商品名，本书正文的标题均为学名，对于多数材料在正文中同时也给出了商品名。了解材料的工艺与特性能够帮助装修业主合理判断材料的质量、价格与应用方法，避免错买材料造成不必要的麻烦。了解材料用途、规格能够帮助装修业主正确计算材料的用量，不至于造成无端的浪费。材料的价格与鉴别方法是本书的核心。为了满足全国各地业主的需求，每种材料都会给出一定范围的参考价格，业主可以根据实际情况选择不同档次的材料。鉴别方法主要是针对用量大且价格高的材料，介绍实用的选购技巧，操作简单，实用性强，在不破坏材料的前提下，能够基本满足实践要求。

本套书的编写耗时3年，所列材料均为近5年来的主流产品，具有较强的指导意义，在编写过程中得到了以下同仁提供的资料，在此表示衷心感谢，如有不足之处，望广大读者批评、指正。

编著者

2014年2月

本书由以下同仁参与编写（排名不分先后）

鲍 莹 边 塞 曹洪涛 曾令杰 付 洁 付士苔 霍佳惠
贺胤彤 蒋 林 王靓云 吴 帆 孙双燕 刘 波 李 钦
卢 丹 马一峰 秦 哲 邱丽莎 权春艳 祁炎华 李 娇
孙莎莎 吴程程 吴方胜 赵 媛 朱 莹 孙未靖 刘艳芳
高宏杰 祖 赫 柯 宇 李 恒 李吉章 刘 敏 唐 茜
万 阳 施艳萍

目 录

第四章　胶凝材料 …………………… 119

　　胶凝材料就是各种胶粘剂，又称为胶水，是家居装修必不可少的材料，它能快速粘结各种装饰材料，具有施工快速、操作方便等优势，是不可或缺的重要装饰材料。

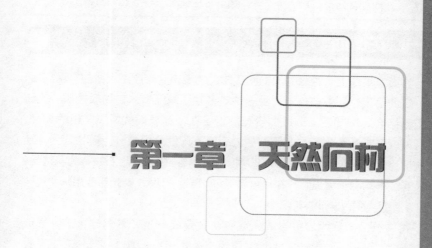

第一章　天然石材

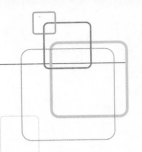

第一章 天然石材

天然石材种类繁多，主要包括花岗石与大理石，此外还有用于特殊场合的艺术石材。天然石材具有厚实的质地、光洁的表面、丰富的色彩，广泛用于家居空间的室内外装修。但是，天然石材属于不可再生材料，因此价格较高，在选购时要注意识别品质，务必选用质地紧密、安全环保的产品。

一、花岗石

岩石是地球上一种固有的物质形体，由地壳变动产生大量的高温高压，在一定的温度、压力条件下，由一种或多种不同元素的矿物质按照一定比例重新结合，冷却后而形成的岩石。岩石在地球表面构成了坚硬的外壳，这层外壳又被称为岩石层。不同的岩石有不同的化学成分、矿物成分、结构构造，目前已知的岩石有2000多种。用作装饰装修的岩石被称为花岗石，它具有装饰功能和审美感，并且可以经过切割、打磨、抛光等应用加工。

1. 花岗石特性

花岗石又被称为岩浆岩或火成岩，主要成分是二氧化硅，矿物质成分有石英、长石云母与暗色矿物质组成（图1-1、图1-2）。花岗石具有良好的硬度，抗压强度好，耐磨性好，耐久性高，抗冻、耐酸、耐腐蚀，不易风化，表面平整光滑，棱角整齐，色泽持续力强且色泽稳重、

图1-1 花岗石矿料

图1-2 花岗石铺地

大方。优质花岗石质地均匀，构造紧密，石英含量多而云母含量少，不含有害杂质，长石光泽明亮，无风化现象。花岗石的一般使用年限约数十年至数百年，是一种较高档的装饰材料。

花岗石按晶体颗粒大小可分为细晶、中晶、粗晶及斑状等多种，其中细晶花岗石中的颗粒十分细小，目测粒径均＜2mm（图1-3），中晶花岗石的颗粒粒径为2~8mm，粗晶花岗石的颗粒粒径＞8mm，至于斑状花岗石中的颗粒粒径就不定了，大小对比较为强烈（图1-4）。

由于花岗石一般存在于地表深处，具有一定的放射性，大面积用在室内的狭小空间里，对人体健康会造成不利影响。花岗石自重大，在装饰装修中会增加建筑的整体负荷。此外，花岗石中所含的石英在遇热时自身会发生较大体积的膨胀，致使石材开裂，故发生火灾时花岗石并不耐火。

2. 花岗石色彩

花岗石按颜色、花纹、光泽、结构、材质等因素分为不同色彩，通常呈灰色、黄色、深红色等。我国约9%的土地是花岗石岩体，因此品种很丰富（图1-5），从色彩上可以将花岗石分为黑色、红色、绿色、白色、黄色、花色等6大系列。

1）黑色系列

黑色系列花岗石主要有内蒙古的黑金刚（图1-6）、赤峰黑、鱼鳞黑；山东的济南青（图1-7），福建的芝麻黑（图1-8）等。

2）红色系列

红色系列花岗石主要有四川的四川红、中国红（图1-9）；广西的

图1-3　细晶花岗石

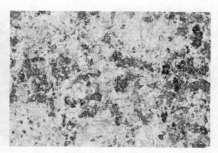

图1-4　斑状花岗石

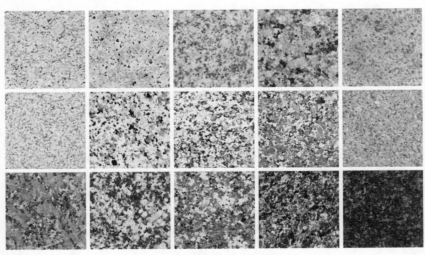

岑溪红、三堡红；山西灵邱的贵妃红（图1–10）、橘红；山东的乳山红、将军红；福建的鹤塘红（图1–11）、罗源红、虾红等。

图1-5　花岗石样式

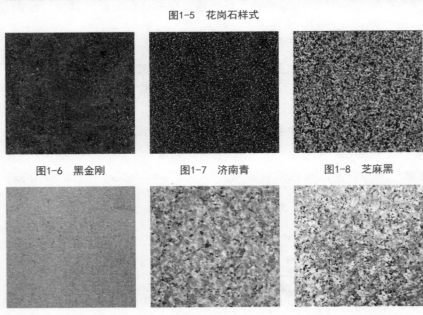

图1-6　黑金刚　　　　图1-7　济南青　　　　图1-8　芝麻黑

图1-9　中国红　　　　图1-10　贵妃红　　　　图1-11　鹤塘红

3）绿色系列

绿色系列花岗石主要有河北的承德绿（图1-12）；山西的冰花绿（图1-13）；安徽宿县的青底绿花；河南的森林绿（图1-14）；江西的菊花绿等。

4）白色系列

白色系列花岗石主要有福建的芝麻白（图1-15）、山东的白麻（图1-16）、湖北的东石白（图1-17）等。

5）黄色系列

黄色系列花岗石主要有福建的黄锈石（图1-18）、新疆的卡拉麦里金（图1-19）、江西的菊花黄（图1-20）、湖北的珍珠黄麻等。黄色系列石材是现代装修的主体。

6）花色系列

花色系列花岗石主要有河南偃师的菊花青、雪花青（图1-21）、云里梅；山东的金黄麻（图1-22）；福建的紫晶麻（图1-23）等。花色系

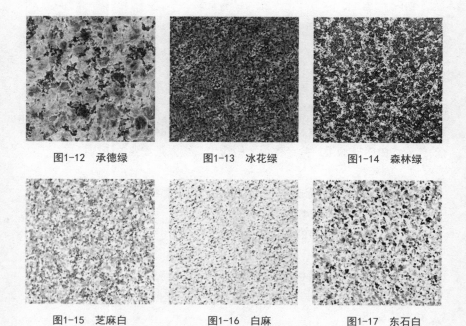

图1-12 承德绿　　　　图1-13 冰花绿　　　　图1-14 森林绿

图1-15 芝麻白　　　　图1-16 白麻　　　　图1-17 东石白

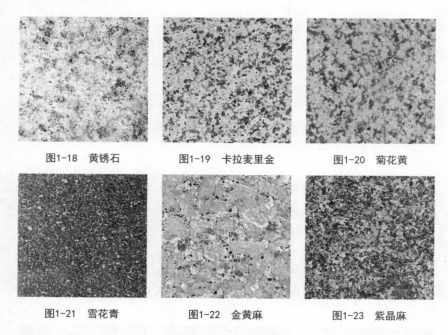

图1-18　黄锈石　　　　图1-19　卡拉麦里金　　　　图1-20　菊花黄

图1-21　雪花青　　　　图1-22　金黄麻　　　　图1-23　紫晶麻

列的石材价格较高。

3. 花岗石运用

　　在家居装修中，花岗石的应用繁多，一般用于中高档住宅的墙、柱、楼梯踏步、地面、厨房台柜面、窗台面的铺贴。在施工中其表面通常被加工成剁斧板、机刨板、粗磨板、火烧板、磨光板等样式。这些花岗石的样式均由机械加工，会产生很大的粉尘，须佩戴专业的防尘口罩。

　　1）剁斧板

　　花岗石石材表面经过手工剁斧加工，表面粗糙且凸凹不平，呈有规则的条状斧纹（图1-24），表面质感粗犷大方，用于防滑地面、台阶或户外庭院的墙、柱表面的铺装等。

　　2）机刨板

　　花岗石石材表面被机械刨成较为平整的表面，有相互平行的刨切纹（图1-25），用于与剁斧板材类似的场合，但是机刨板石材表面的凸凹没有剁斧板强烈。

3）粗磨板

花岗石石材表面经过粗磨，表面平滑无光泽（图1-26），主要用于需要柔光效果的墙面、柱面、台阶、基座等。粗磨板的使用功能是防滑，常铺设在阳台、露台的楼梯台阶或坡道地面。

4）火烧板

花岗石石材表面粗糙，在高温下形成，生产时对石材加热，晶体爆裂，因而表面粗糙、多孔（图1-27），板材背后必须用渗透密封剂。火烧板的价格较高，相对于粗磨板具有更好的防滑与抗污性能，能快速清除表面的口香糖等污渍。

5）磨光板

花岗石石材表面经磨细加工与抛光，表面光亮（图1-28），花岗石的晶体显现出非常清晰、颜色绚丽多彩的特性，多用于室内装修空间，如庭院、阳台的地面、墙面、家具台面（图1-29）、立柱、台阶等部位，是使用频率较多的一种石材样式。

图1-24　剁斧板

图1-25　机刨板

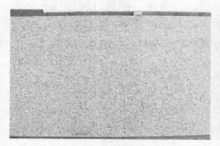

图1-26　粗磨板

图1-27　火烧板

图1-28　磨光板

图1-29　花岗石台面

4. 花岗石规格

花岗石石材的大小可以随意加工，用于铺设室外地面的厚度为40~60mm，用于铺设室内地面的厚度为20~30mm，铺设家具台柜的厚度为18~20mm等。市场上零售的花岗石宽度一般为600~650mm，长度在2~6m不等。特殊品种也有加宽加长型，可以打磨边角。如果用于大面积墙、地面铺设，也可以订购同等规格的型材，例如：300mm×600mm×15mm、600mm×600mm×20mm、800mm×800mm×30mm、800mm×600mm×30mm、1000mm×1000mm×30mm、1200mm×1200mm×40mm等。其中，剁斧板的厚度一般均≥50mm。

常见的20mm厚的白麻花岗石磨光板价格为60~100元／m²，其他不同花色品种价格均高于此，一般为100~500元／m²不等。

5. 识别方法

由于花岗石的产地与开采层面不同，其密度、硬度、质地均有很大差异，再加上后期的运输、加工环节众多，即使是同产地的花岗石也会有很大的差距。对于加工好的成品花岗石，识别其质量好坏应该注意以下几个方面。

1）观察表面

选购花岗石时应仔细观察表面质地。一般而言，优质花岗石板材表面具有均匀的颗粒结构，质感十分细腻（图1-30）。粗粒或颗粒大小不均衡的花岗石其外观效果较差，力学性能也不均匀，整体质量较差。此外，由于受地质作用的影响，花岗石颗粒中会有产生一些细微的裂缝，在实际使用中，花岗石最容易沿这些部位产生破裂，选材时应注意筛选。成品板材缺棱少角会影响美观，一般不宜选择。总之，花岗石表面纹理无彩色条纹，只有彩色斑点或纯色，且其中颗粒越细腻越均匀越好。

2）测量尺寸

用卷尺测量花岗石板材的尺寸规格，通过测量能判定花岗石的加工工艺，各方向的尺寸应当与设计、标称尺寸一致，误差应＜1mm，以免影响拼接安装，或造成拼接后的图案、花纹、线条变形，影响装饰效果（图1-31）。测量的关键应检查厚度尺寸，用于家居装修的多数花岗石板材厚度均为20mm，少数厂家加工的板材厚度只有15mm，这在很大程度上降低了花岗石板材的承载性能，在施工、使用中容易破损。

3）敲击声音

敲击声音最能反映花岗石板材的真实质量，但是花岗石板材自重较大，敲击测试对花岗石板材长度、宽度、厚度有要求，其长、宽应≥150mm，厚度为20mm左右。敲击时将花岗石板材的一端放在平整的地面上，另一端抬起60°，用小铁锤敲击板材中端（图1-32）。一般而言，优质花岗石板材的内部构造应致密、均匀且无显微裂隙，其敲击声清脆悦耳，相反如果板材内部存在显微裂隙、细脉，或因风化导致颗粒间接触变松，则敲击声粗哑。

4）测试密度

密度是花岗石板材承重性能的反映，可以用最简单的方法来检验。

图1-30 观察表面

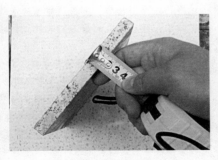

图1-31 测量尺寸

图1-32 敲击声音

图1-33 砂纸打磨

可以在花岗石板材的背面，即未磨光的表面滴上一滴墨水，若墨水很快分散浸出，则表示花岗石板材内部颗粒较松或存在显微裂隙，板材的质量不高，反之则说明花岗石板材致密、质地好。也可以采用0号砂纸打磨板材的边角，如果不产生粉末则说明密度较高（图1-33）。

5）注意环保

花岗石是具有一定放射性的材料，但是市场上销售的石材都经过严格检验，其氡气的释放量均在安全范围以内。如果装修业主仍不放心，

★装修顾问★

天然石材的形成

天然石材是一种具有悠久历史的装饰材料，主要分为花岗石与大理石。经表面处理后可以获得优良的美感，对建筑构造起保护与装饰作用。从它们形成的环境、成因上看，可以分为沉积岩、岩浆岩、变质岩3种。

（1）沉积岩。沉积岩是在地表或近地表形成的一种岩石类型。它是由风化产物、火山物质、有机物质等碎屑物质在常温常压下经过搬运、沉积与石化作用，最后形成的岩石。此外，植物与动物有机质在沉积岩中也占有一定比例（图1-34）。

（2）岩浆岩。又被称为火成岩，是在地壳深处或在地幔中形成的岩浆，当侵入到地壳上部或者喷出到地表冷却凝固后，经过结晶作用而形成的岩石（图1-35）。

（3）变质岩。是指在地壳形成与发展过程中最早形成的岩石，包括沉积岩、岩浆岩，后来由于地质环境与物理化学条件变化，在固态情况下发生了矿物组成调整、结构构造改变甚至化学成分的变化，从而形成一种新的岩石，这种岩石被称为变质岩（图1-36）。变质岩是大陆地壳中最主要的岩石类型之一。

图1-34　沉积岩

图1-35　岩浆岩

图1-36　变质岩

请注意检查产品上的安全认证标签。

　　注意花岗石的环保性能，在选购时就要辨清花岗石的颜色。由火生成的花岗石种类中，暗色系列（包括黑色、蓝色、暗绿色）花岗石与灰色系列花岗石，其放射性元素含量都低于地壳平均值的含量。由火成岩变质形成的片麻状花岗石及花岗片麻岩等（包括白色、红色、浅绿色、花斑），其放射性元素含量一般稍高于地壳平均值的含量。因此，暗色与灰色花岗石，其放射性辐射强度都很小，即使不进行任何检测也能够确认是安全产品，可以放心大胆地使用，至于白色、红色、浅绿色与花斑花岗石应当少用。

二、大理石

　　大理石原本是指产于我国云南省大理的白色带有黑色花纹的石灰岩，剖面类似一幅天然的水墨山水画，我国古代常选用这类花纹的大理石制作画屏或镶嵌画。现在，大理石成为称呼一切有各种颜色花纹且用于装饰的石灰岩。大理石主要用于加工成各种形材、板材，用于装修墙面、地面、台、柱，还常用于各种雕塑、盆景、工艺品等。

1. 大理石特性

　　大理石是地壳中原有的岩石经过地壳内高温高压作用形成的变质岩，地壳的内力作用促使原来的各类岩石在结构、构造、矿物成分上发生改变，经过质变形成的新岩石类型被称为变质岩（图1-37）。大理石主要由方解石、石灰石、蛇纹石、白云石组成，其主要成分以碳酸钙为

图1-37　大理石矿料

图1-38　大理石样板

主，约占50%以上。

　　由于大理石一般都含有杂质，而且碳酸钙在大气中受二氧化碳、碳化物、水气的作用，也容易风化与溶蚀，而使表面很快失去光泽。相对于花岗石而言，大理石的质地比较软，密度一般为2500～2600kg／m³；抗压强度高约为50～150MPa，属于碱性中硬石材。天然大理石质地细密，抗压性较强，吸水率＜10%，耐磨、耐弱酸碱，不变形。

　　大理石按质量可以分为以下级别，A类大理石属于优质产品，具有相同的、极好的加工品质，不含杂质与气孔。B类大理石的加工品质比前者略差，有天然瑕疵，需要进行小量分离、胶粘、填充。C类大理石的品质存在一些差异，如瑕疵、气孔、纹理断裂较为常见，可以通过进一步分离、胶粘、填充、加固等方法修补。D类大理石所含天然瑕疵更多，加工品质的差异最大，需要采用同一种方法进行多次处理，但是这类大理石色彩丰富，品种繁多，具有很高的装饰价值（图1-38）。

　　大理石结晶颗粒直接结合成整体块状构造，抗压强度较高，质地紧密但硬度不大，相对于花岗石而言更易于雕琢磨光。但是，大理石的抗风化性能较差，不宜用作室外装饰，空气中的二氧化硫会与大理石中的碳酸钙发生反应，生成易溶于水的石膏，使表面失去光泽、粗糙多孔，从而降低了装饰效果。

2. 大理石色彩

　　天然大理石的色彩纹理一般分为云灰、单色、彩花等3类。云灰大理石花纹如灰色的色彩，灰色的石面上或是乌云滚滚，或是浮云漫天，

图1-39 云灰大理石　　　　图1-40 单色大理石　　　　图1-41 彩花大理石

有些云灰大理石的花纹很像水的波纹，又被称为水花石，纹理美观大方（图1-39）。单色大理石色彩单一，如色泽洁白的汉白玉、象牙白等属于白色大理石；纯黑如墨的中国黑、墨玉等属于黑色大理石（图1-40）。彩花大理石是层状结构的结晶或斑状条纹，经过抛光打磨后，呈现出各种色彩斑斓的天然图案，可以制成由天然纹理构成的山水、花木等美丽画面（图1-41）。

纯大理石为白色，在我国又称其为汉白玉，但分布较少。普通大理石呈现为红、黄、黑、绿、棕等各色斑纹，色泽肌理的装饰性极佳。这些大理石的品种不同，命名原则不一，有的以产地与颜色命名，如丹东绿、铁岭红等；有的以花纹与颜色命名，如雪花白、艾叶青；有的以花纹形象命名，如秋景、海浪；有的是传统名称，如汉白玉、晶墨玉等。大理石的花纹、结晶粒度的粗细千变万化，有山水型、云雾型、图案型、雪花型等。现代装修用的大理石也要求多品种、多花色，能配套用于空间的不同部位。一般而言，单色大理石要求颜色均匀；彩花大理石要求花纹、深浅逐渐过渡；图案型大理石要求图案清晰、花色鲜明、花纹规律性强。

由于产地不同，常有同类异名或异岩同名现象出现。我国大理石储藏量丰富，各品种居世界前列，国产大理石有近400余个品种（图1-42），其中花色品种比较名贵的有以下产品。

1）白色系列

白色系列大理石主要有北京房山汉白玉（图1-43）；安徽怀宁、贵

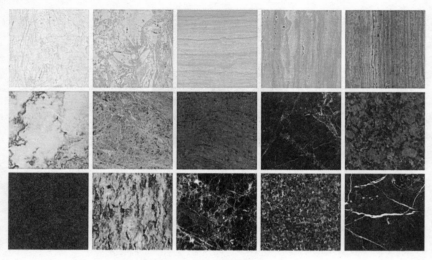

图1-42　大理石样式

池的白大理石；河北曲阳、涞源的白大理石；四川宝兴的蜀白玉；江
苏赣榆的白大理石；云南大理苍山的白大理石；山东平度的雪花白
（图1-44）等。

2）黑色系列

黑色系列大理石主要有广西桂林的桂林黑；湖南邵阳的中国黑（图
1-45）；山东苍山的墨玉、金星王；河南安阳的墨豫黑；内蒙古的蒙古黑等。

3）红色系列

红色系列大理石主要有湖北的珊瑚红（图1-46）；广西桂林的玛

图1-43　汉白玉

图1-44　雪花白

图1-45　中国黑

瑙红（图1-47）；河北涞水的涞水红与阜平的阜平红；辽宁铁岭的东北红等。

4）灰色系列

灰色系列大理石主要有浙江杭州的杭灰；云南大理的云灰等。

5）黄色系列

黄色系列大理石主要有河南淅川的松香黄（图1-48）、松香玉、米黄（图1-49）；四川宝兴的黄线玉等。

6）绿色系列

绿色系列大理石主要有辽宁丹东的丹东绿（图1-50）；山东莱阳的莱阳绿（图1-51）与栖霞的海浪玉；安徽怀宁的碧波等。

7）青色系列

青色系列大理石主要有四川宝兴的青花玉（图1-52）。

8）黑白系列

黑白系列大理石主要有湖北通山黑白根（图1-53）。

图1-46 珊瑚红

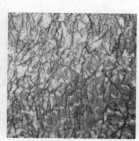

图1-47 玛瑙红

图1-48 松香黄

图1-49 米黄

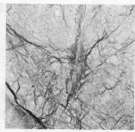

图1-50 丹东绿

图1-51 莱阳绿

图1-52　青花玉

图1-53　黑白根

图1-54　秋花

9）彩色系列

彩色系列大理石主要有云南的春花、秋花（图1-54）、水墨花；浙江衢州的雪夜梅花等。

3. 大理石运用

大理石与花岗石一样，可用于家居装修室内外各部位的石材贴面装修，但是强度不及花岗石，在磨损率高、碰撞率高的部位应慎重考虑。大理石的花纹色泽繁多，可选择性强，饰面板材表面需经过初磨、细磨、半细磨、精磨、抛光等工序，大小可以随意加工，并能打磨边角。

在家居装修中，选用大理石主要是根据色彩判定使用部位，其中黑色大理石常用于光线充足的房间或部位，如高层住宅中向阳的客厅电视柜台面和卧室窗台台面（图1-55），也可以用于不同房间的地面交界处，以及墙面踢脚线、地面边脚线（图1-56）。黑色大理石还常常与白色家具、墙面相搭配，营造出神秘、庄重且内涵丰富的环境氛围。米黄色大理石极具张力与容纳感，属于偏暖色石材，吸光性好，表现力强，

图1-55　窗台铺设

图1-56　地面铺设

图1-57 门厅拼花

图1-58 桌面应用

能与其他任何一种颜色搭配,突显出其他颜色,比较适合用来做背景,主要用于地面、墙面等大面积铺贴。绿色、棕色、青色等具有一定花纹的大理石适用于局部点缀,或用于设计风格独特的门厅、餐厅、书房等面积较小的空间(图1-57)。白色大理石非常纯洁、干净且轻松活泼,属于冷色,明亮度最高,适用于采光不太好的住宅空间地面、外挑窗台铺设,或用于厨房、餐厅的台面、桌面(图1-58),也可以用于局部点缀装饰。

在施工中,大理石的表面也可以像花岗石一样被加工成各种质地,用于不同部位,但是由于其硬度比不上花岗石,大理石一般都以磨光板的形式出现,用于楼梯台阶铺设大理石的才会是机刨板。大理石与花岗石一样,都属于天然石材,在运用中对石材的放射性应当有严格的控制。但是大理石的放射性很低,基本不会对人体造成伤害。

4. 大理石规格

大理石石材的大小可随意加工,用于铺设厚度为40~60mm的室外地面,用于铺设厚度为20~30mm的室内地面,铺设厚度为18~20mm的家具台柜等。市场上零售的花岗石宽度一般为600~650mm,长度在2~6m不等。特殊品种也有加宽加长型,可以打磨成各种边角线条(图1-59、图1-60)。若用于大面积墙、地面铺设,也可以订购同等规格的型材,例如,300mm×600mm×15mm、600mm×600mm×20mm、800mm×800mm×30mm、800mm×600mm×30mm、1000mm×1000mm×30mm、1200mm×1200mm×40mm等。

图1-59　大理石线条

图1-60　大理石磨边

常见的20mm厚的桂林黑大理石磨光板价格为150～200元／m²，其他不同花色品种价格均高于此，一般为200～600元／m²不等。

5．识别方法

目前，大理石的花色品种要比花岗石多，其价格差距很大，要识别大理石的质量仍然可以采用花岗石的识别方法。但是要求应该更加严格。

1）外观等级

大理石板材根据规格尺寸，允许存在一定的偏差，但是偏差不应影响其外观质量、表面光洁度等（图1-61）。大理石板材分为优等品、一等品、合格品等三个等级，其中优等品的厚度偏差应＜1mm。不同等级的大理石板材的外观有所不同。因为大理石是天然形成的，缺陷在所难免。同时，加工设备与卷尺的质量也是造成板材缺陷的重要原因。有的板材的板体不丰满，存在翘曲或凹陷，板体中存在裂纹、砂眼、色斑等缺陷，板体规格不一，如缺棱角、板体不正等。按照国家标准，各等级的大理石板材都允许有一定的缺陷，只不过优等品不太明显。

图1-61　测量尺寸

图1-62　优质花纹

2）花纹色调

大理石板材色彩斑斓，色调多样，花纹无一相同，这也是优质大理石板材的特征与魅力所在（图1-62）。优质产品的色调基本一致、色差较小、花纹美观是优良品种的具体表现，否则会严重影响装饰效果。目前，市场上出现了不少染色大理石，多以红色、褐色、黑色系列居多，铺装后约6~10个月就会褪色，如果铺设在窗台受光部位，褪色会更明显。识别这类大理石可以观察侧面与背面，染色大理石的色彩较灰或呈现出深浅不一的变化。染色石材虽然价格低廉，但是不建议选购，因其染色材料存在毒害，褪色后严重影响装饰效果，自身强度也没有保证。

3）表面光泽

大理石板材表面光泽度的高低会极大影响装饰效果。一般而言，优质大理石板材的抛光面应具有镜面一样的光泽，能清晰地映出景物。但不同品质的大理石由于化学成分不同，即使是同等级的产品，其光泽度的差异也会很大。当然同一材质不同等级之间的板材表面光泽度也会有一定差异。判定光泽度的优劣还可以采用0号砂纸或钢丝球打磨抛光面，如果表面不易产生划痕、粉尘，则说明石材的表面光泽不错（图1-63、图1-64）。

此外，目前市场上还有一些染色产品，采用色彩暗淡的廉价石材经过色料浸染后呈现出鲜艳的色彩纹理，这类产品颜色较为浓艳，具有较强的刺激性气味，对装修环境有污染，不能选购，而且在使用过程中容易褪色，可以通过上述观察与打磨方法进行识别。

图1-63　砂纸打磨

图1-64　钢丝球打磨

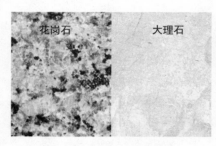

图1-65 花岗石与大理石对比

图1-66 砂纸打磨对比

★**装修顾问**★

花岗石与大理石的区别

市场上的天然石材琳琅满目，很多装修业主感到眼花缭乱，无从下手，尤其是花岗石与大理石两者同属天然石材，从表面上看非常相似，品种不同而造成价格差别很大。选购时可以通过以下方法来区分。

（1）表面色彩。花岗石板材表面色彩通常比较灰暗，色彩纯度较低，不太醒目，给人感觉比较平和。大理石板材表面的色彩通常比较鲜亮，色彩纯度较高，特别艳丽，给人感觉比较华丽。

（2）纹理特征。花岗石板材表面纹理大多呈颗粒状，且颗粒大小均衡，虽然颗粒的形态也有大小对比，但是比较平均。大理石板材表面纹理则很丰富，有单色、线纹、云纹、彩花等多种纹理，甚至具有图案效果，虽然也有部分大理石的纹理呈颗粒状，但是其大小对比较大，很容易与花岗石进行区分（图1-65）。

（3）质地硬度。用0号砂纸打磨石材的边角部位，不容易产生粉尘的石材为花岗石，反之则是大理石（图1-66）。

以上3种方法要综合运用才能准确区分，只是参考其一难免会有误差。

三、石材施工与保养

天然石材质地厚重，在施工与养护中要注意保护好板面不受破坏。

1. 石材施工方法

地面铺装施工与常规地砖基本一致，下面主要介绍墙面施工方法，施工现场常用的墙面铺装方式为干挂与粘贴两种，其中干挂施工适用于面积较大的墙面装修，粘贴施工适用于面积较小的墙面、结构外部装修。

1）干挂施工方法

首先，根据设计要求在施工墙面上放线定位，采用角型钢制作龙骨网架，通过膨胀螺栓固定至墙面上。

然后，对天然石材进行切割，根据需要在侧面切割出凹槽或钻孔。

接着，采用专用连接件将石材固定至墙面龙骨架上。

最后，调整板面平整度，在边角缝隙处填补密封胶，进行密封处理（图1-67、图1-68）。

2）干挂施工要点

在墙上布置钢骨架，水平方向的角形钢必须焊在竖向角钢上。按设计要求在墙面上制成控制网，由中心向两边制作，应标注每块板材与挂件的具体位置。安装膨胀螺栓时，按照放线的位置在墙面上打出膨胀螺栓的孔位，孔深以略大于膨胀螺栓套管的长度为宜，埋设膨胀螺栓并予以紧固。挂置石材时，应在上层石材底面的切槽与下层石材上端的切槽内涂胶。清扫拼接缝后即可嵌入橡胶条或泡沫条，并填补勾缝胶封闭。注胶时要均匀，胶缝应平整饱满，亦可稍凹于板面，并按石材的出厂颜色调成色浆嵌缝，边嵌边擦干净，以更缝隙密实均匀、干净颜色一致。

3）粘贴施工方法

首先，清理墙面基层，必要时用水泥砂浆找平墙面，并作凿毛处理，根据设计在施工墙面放线定位。

然后，对天然石材进行切割，并对应墙面铺贴部位标号。

接着，调配专用石材胶粘剂，将其分别涂抹至石材背部与墙面，将

图1-67 石材干挂节点

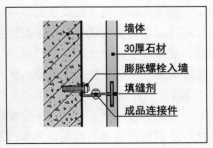

图1-68 石材干挂示意

墙体
30厚石材
膨胀螺栓入墙
填缝剂
成品连接件

图1-69 石材粘贴构造

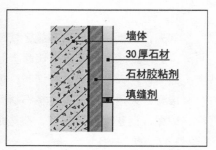

墙体
30厚石材
石材胶粘剂
填缝剂

图1-70 石材粘贴示意

石材逐一粘贴至墙面。

最后，调整板面平整度，在边角缝隙处填补密封胶，进行密封处理（图1-69、图1-70）。

4）粘贴施工要点

石材粘贴施工虽然简单，但是胶粘剂成本较高，一般适用于小面积的施工。施工前，粘贴基层应清扫干净，去除各种水泥疙瘩，采用1∶2.5水泥砂浆填补凹陷部位，或对墙面作整体找平。石材胶粘剂应选用专用产品，一般为双组份胶粘剂，根据使用说明调配。涂抹胶粘剂时应用粗锯齿抹子抹成沟槽状，以增强吸附力，胶粘剂要均匀饱满。施工完毕后应养护7d以上。

2. 石材养护方法

由于大理石的硬度不及花岗石，在日常使用中要特别注意养护。

1）抛光

由于大理石材质比较疏松，质地较软吸水率相对比较高，在安装和使用过程中容易出现各种污染与翘曲变形、易失光等现象的发生，影响装饰效果，所以对大理石进行抛光打磨是重现大理石光泽与纹理的常用手法（图1-71）。经过抛光后的大理石表面厚度会损失1~2mm，适用于厚度≥20mm的大理石。

首先，在抛光前先要做好防水处理，目的是使大理石尽可能少吸水，从而达到降低石材的吸水率。遇到比较疏松的石材，如白沙米黄、沙岩、木纹石等要用高含量密封固化剂处理，使大理石在填补疏松的同时也硬化了材质。

　　然后，开始粗磨，使用300号金刚石树脂硬磨块进行打磨，粗磨不要使用软水磨片进行研磨，容易出现波浪，影响平整度。粗磨时给水量稍大点但不能太多，每道磨片磨完要彻底吸水，粗磨是确保工程竣工质量验收的关键环节（图1-72）。

　　接着，开始细磨，使用800号金刚石树脂软水磨片进行打磨，根据实际情况还可以使用3000号金刚石树脂软水磨片进行研磨。

　　最后，进行抛光，使用兽毛垫、3M垫、纳米垫等材料进行抛光，配合大理石镜面复颜霜进行抛光研磨，抛光后大理石表面光泽度特别高。具有较高的硬度、耐磨度、透明度，抗水、抗污、防滑等作用。

　　2）打蜡

　　打蜡是一种传统的石材清洗方法，利用蜡的细腻特性填补大理石磨损的孔隙，达到表面光亮的效果，用于大理石表面的蜡是丙烯酸树脂与乳液的聚合物，又被称为水蜡或地板蜡。打蜡是采用高速、低压力的抛光机配合纤维垫在大理石表面摩擦，使蜡均匀地涂抹到石材表面，使石材表面更加光亮。现在还有更高档的特光蜡、免抛蜡、清洁剂（图1-73）等产品，可以根据实际情况选用。

图1-71　石材打磨机

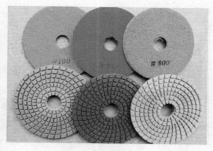

图1-72　金刚石树脂软水磨片

图1-73　石材清洁剂

对大理石进行打蜡适用于普通家庭，成本低廉，即使没有专业的打蜡设备，也可以手工操作。经过打蜡的大理石表面附着一层树脂膜，它与大理石本身不存在化合反应，以采用刀片轻轻铲除，将蜡膜削离于大理石表面。但是大理石打蜡后，石材毛孔被完全封闭，石材不能里外透气，光度较低，光度不清晰且模糊，不耐磨、不耐水，易刮花、氧化变黄使石材本质形象降低。一般间隔1年就应当打蜡1次。每次打蜡前应当除掉已经残旧的蜡层，需要使用起蜡水。需要大面积操作施工，不能局部施工，否则表面容易出现色差。

3）清洁

大理石很脆弱，不能将硬物在其表面撞击、敲打，平时应注意防止铁器等重物磕砸石材表面，以免出现凹坑，影响美观。

大理石容易染污，清洁时应少用水，定期以微湿且温和的抹布沾上洗涤剂擦拭，擦拭完毕后用清洁的软布抹干擦亮。磨损严重的大理石地面、家具台面，若难以处理，可用钢丝球擦拭（图1-74），如果条件允许可以用电动磨光机磨光，使它恢复光泽。也可以采用液态擦洗剂仔细擦拭，或用柠檬汁或醋清洁污痕，但酸性液体停留在大理石表面的时间最好应＜1min，必要时可重复操作，然后清洗并弄干。切忌使用肥皂或苏打粉等易损大理石本质的物料来擦。

对于化妆品、茶、烟草的污迹，可涂上双氧水，停留2h，然后清洗及弄干。对于油迹，可擦拭酒精后用打火机点燃擦拭，再清洗并晾干。对于轻微擦伤，还可采用专用的大理石晶面护理剂（图1-75）。

图1-74　钢丝球擦拭

图1-75　石材晶面护理剂

四、艺术山石

艺术山石是指形态各异的自然山石，在装修中经过稍许雕琢、修饰即能起到很好的装饰作用。艺术山石取材范围很广，形体也没有明确的界定，只要装修业主、设计师认可的石料都可以加以利用。在我国传统住宅中，艺术山石多用于室内外小品、景观，营造出人与自然合二为一的精神氛围。在现代家居装修中，艺术山石常用于门厅、背景墙、楼梯、走道等空间布景装饰，或用于阳台、露台、庭院等户外空间点缀装饰。艺术山石可以分为自然山石与人工山石两大类。

1. 自然山石

自然山石是指直接开采于大自然，而不需要经过特殊加工的山石，是我国传统住宅、庭院的重要布景石材，其形态各异，风韵独特。

1）太湖石

太湖石又被称为窟窿石、假山石，因盛产于江苏太湖地区而古今闻名，是一种玲珑剔透的石头（图1-76、图1-77）。太湖石是一种石灰岩，是石灰岩遭到长时间侵蚀后形成的，有水石与干石两种。水石是在河湖中经水波荡涤，历久侵蚀而成。干石则是地质时期的石灰石在酸性红壤的历久侵蚀下而形成。太湖石形状各异，姿态万千，通灵剔透，其色泽能体现出皱、漏、瘦、透等审美特色，以白灰石为多，少有青黑石、黄石，具有很高的观赏价值。现在还有一种广义上的太湖石，即将各地产的由岩溶作用形成的千姿百态、玲珑剔透的碳酸盐岩统称为广义

图1-76 太湖石（一）

图1-77 太湖石（二）

太湖石。

太湖石一直以来是我国古代皇家园林的布景石材，是大自然鬼斧神工，自然形成玲珑剔透、奇形怪状的观赏石。由于生产力水平的发展，太湖石的开采与应用也逐渐得到普及，也可以用到现代家居装修中。太湖石在装修中一般独立布置，例如，在别墅、复式住宅楼梯下方的转角空间，可以在此设计水池景观，中间独立放置1~2件中等体量的太湖石，配置各种灯光或音乐，犹如洞天意境。由于石材的体量较大，更多情况下，太湖石更适合布置在面积较大的阳台或庭院中，既可以配置水景，又可以独立放置，周边还可以添加形态自然的灌木或竹子，营造出大自然的野外气息（图1-78、图1-79）。

太湖石在我国各地的专业石材、园林、花木市场均可购买，只是价格差距很大，其具体价格主要根据石材的形态、体量、颜色、细节审美来制定。评价太湖石的品质，主要观察石材的局部镂空细节，具备审美价值的太湖石在镂空处显得棱角明确，但是转折造型要自然均衡，不能有明显的加工打磨痕迹。纵观太湖石全部镂空与皱褶，彼此间的走势应当统一，每处镂空的面积大小既不能全部一样，又不能对比过强。当然，至于恰到好处的感觉要根据装修业主的个人审美喜好来定。

在太湖石的施工过程中要注意，用于家居装修与布景的太湖石体量不宜过大，如果准备竖向放置，其高度一般为1.2~2.5m，如果准备横向放置，其宽度一般为0.8~1.6m，这样的体量适用于大多数室内外装饰布景。太湖石的颜色一般为白灰色、中灰色，如果庭院面积较大，可

图1-78　太湖石（三）

图1-79　太湖石（四）

以穿插少量青黑色或黄色的太湖石。摆放太湖石比较随意，但是最好凸出布景中心，围绕主体石料来布置，不宜过于闲散，也不宜摆放成拘谨的对称格局（图1-80、图1-81）。

室内安装太湖石，可以采用切割机将石料底部切割平整，配合1：3的水泥砂浆固定在地面，同时应考虑楼板的承重，不宜放置形体过大的石料（图1-82）。在水泥接缝处摆放少许各色碎石遮挡即可。室内布置太湖石，可以将石料底部植入土壤，深度一般为石料高度的20%左右，也可以增添水泥砂浆稳固基础。对于体量较小的太湖石，还可以放入规格适宜且造型独特花盆中布置成盆景，将盆景内的土壤夯实即可，但是石料的宽度不宜超出花盆边缘（图1-83）。

2）英石

英石又被称为英德石，因产于广东英德而得名。英石具有悠久的开采与欣赏历史，它具有皱、瘦、漏、透等特点，极具观赏与收藏价值（图1-84）。英石属于沉积岩中的石灰岩，山石经过溶蚀风化后形成嶙

图1-80　太湖石造型景观（一）

图1-81　太湖石造型景观（二）

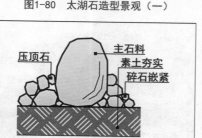

图1-82　山石地表安装示意

图1-83　山石地坑安装示意

峋褶皱之状，加上当地日照充分、雨水充沛，山石易于崩落山谷，经酸性土壤腐蚀后，呈现嵌空玲珑之形态。

英石本色为白色，因为风化及富含杂质而出现多种色泽，有黑色、青灰、灰黑、浅绿等色，石料常间杂白色方解石条纹。英石石质坚而脆，敲击后有金属共鸣声。英石轮廓变化大，常见窥孔石眼，玲珑婉转。石表褶皱深密，是各种山石中表现最为突出的一种，有蔗渣、巢状、大皱、小皱等形状，精巧多姿。石体一般正反面区别较明显，正面凹凸多变，背面平坦无奇。

英石种类多，其种类分为阳石与阴石两大类。阳石裸露地面，长期风化，质地坚硬，色泽青苍，形体瘦削，表面多折皱，扣之声脆，分为直纹石、横纹石、大花石、小花石、叠石、雨点石，是瘦与皱的典型，适宜制作假山与盆景。阴石深埋地下，风化不足，质地松润，色泽青黛，有的间有白纹，形体漏透，是漏与透的典型，适宜独立成景（图1-85～图1-89）。

在家居装修中，英石一般用于制作假山与盆景，体量较小，或专为此石设计储藏柜、格、架而作收藏观赏，如在客厅、餐厅、走道等公共空间的背景墙上预留一定空间，专门用来放置英石，此外，一般需配置明亮的灯光，形成质地晶莹、形态多变的观赏效果。英石不同于太湖石，在我国各地的专业石材、园林、花木市场很难买到，且价格较高。其具体价格主要根据石材的形态、体量、颜色、细节审美来制定。

评价英石的品质，主要观察石材的外观颜色与细节。英石一般有黑、

图1-84 英石

图1-85 英石造型景观（一）

3）黄蜡石

黄蜡石又被称为龙王玉，因石表层内蜡状质感色感而得名（图1-90、图1-91）。黄蜡石属于矽化安山岩或砂岩，主要成分为石英，油状蜡质的表层为低温熔物，韧性强，硬度较高。黄蜡石主要产于广东、广西地区，以产于广东东江沿岸与潮州的质地最好，石色纯正，质地以润滑、细腻为贵。

黄蜡石由于其地质形成过程中掺杂的矿物不同而有黄蜡、白蜡、红蜡、绿蜡、黑蜡、彩蜡等品种。又由于其二氧化硅的纯度、石英体颗粒的大小、表层熔融的情况不同，可以分为冻蜡、晶蜡、油蜡、胶蜡、细蜡、粗蜡等种类，黄蜡石的最高品位是冻蜡黄、黄中透红或多色相透，其中冻蜡可透光至石心，加上大自然变化而形成的形态差异，能确定其千差万别的价值与品位。黄蜡石之所以能成为名贵观赏石，除其具备湿、润、密、透、凝、腻等特征，其主色为黄也是其重要因素。黄蜡石以黄色为多见，其中以纯净的明黄为贵，另有蜡黄、土黄、鸡油黄、蛋黄、象牙黄、橘黄等颜色。

黄蜡石一直以来是我国私家庭院的布景石材（图1-92～图1-94），在传统住宅中多用于庭院水景的驳岸，石料厚实，人在水边观赏、游玩时，踩在黄蜡石上会感到踏实、放心，彼此间露出缝隙更适宜水生植物的生长。在现代家居装修中，黄蜡石凭借厚实的形体、单一的色彩，总会给人安全感，可以散置于室内外楼梯台阶旁，用于户外既可以随意散置，当作景观中心、配饰，也可以围合在户外水景岸边（图1-95），或

图1-90　黄蜡石（一）

图1-91　黄蜡石（二）

图1-92 黄蜡石造型景观

图1-93 黄蜡石散置（一）

图1-94 黄蜡石散置（二）

图1-95 黄蜡石驳岸

用水泥砂浆砌筑成花坛、池坛。体量较小的黄蜡石还可以放在清澈的池底，点缀鹅卵石作装饰。

黄蜡石在我国各地的专业石材、园林、花木市场均可购买，只是价格差距不大，其具体价格主要根据石材的形态、体量、颜色、细节审美来制定。评价黄蜡石的品质，主要观察石料表面质感，以光滑、细腻，无明显棱角，且颜色为土黄、中黄为佳，其次外观圆整、形体端庄的石料更适合随意放置或造型。当然，至于恰到好处的感觉要根据装修业主的个人审美喜好来定。

在黄蜡石的施工过程中要注意，用于家居装修与布景的黄蜡石体量不宜过大，如果准备独立散置，其边长一般为0.5~0.8m，上表面经过简单加工后可以作为石凳、石桌使用。如果砌筑围合构造，其边长一般为0.2~0.5m，这样的体量适用于砌筑各种花坛、池坛、楼梯基础、围墙基础等构造。砌筑构造时应预先整理好砌筑基础，底层石料应嵌入地表60%用于稳固基础，石料之间相互交错，采用1：3水泥砂浆粘结，过于圆滑的黄蜡石应采用切割机修整砌筑面，使水泥砂浆的结合度更好。砌筑水池驳岸时还应在水池砌体内侧涂刷防水涂料，黄蜡石的砌筑高度应≤600mm，厚度一般为200~300mm。

4）灵璧石

灵璧石又被称为磬石，产于安徽灵璧县浮磬山，是我国传统的观赏石之一。灵璧石漆黑如墨，也有灰黑、浅灰、赭绿等色，石质坚硬素雅，色泽美观（图1-96~图1-98）。

灵璧观赏石分为黑、白、红、灰等4大类共一百多个品种，形体较大的放置在户外，只可观览，无法收藏，可群体也可单独置放；室内观赏石一般为中小型，陈列于房厅的几案台桌上。我国古代工匠以灵璧石为原料，雕琢各种人物、鸟兽、鼎彝、文具等磬石工艺品。

在家居装修中，灵璧石一般用于制作假山与盆景，体量较小，或专为此石设计储藏柜、格、架而作收藏观赏，如在客厅、餐厅、走道等公共空间的背景墙上预留一定空间，专门用来放置灵璧石，此外，一般需

图1-96 灵璧石（一）

图1-97 灵璧石（二）

图1-98 灵璧石（三）

图1-99 灵璧石造型景观

配置明亮的灯光，形成质地晶莹、形态多变的观赏效果（图1-99）。灵璧石不同于太湖石，在我国各地的专业石材、园林、花木市场很难买到，且价格较高。其具体价格主要根据石材的形态、体量、颜色、细节审美来制定。

由于灵璧石从古到今都被认为是最具收藏价值的石料。因此，不少经销商进行人为钻孔、涂色企图以假乱真，识别正宗灵璧石应该特别注意。首先，仔细观察灵璧石的背面，看有无红、黄色砂浆附着在上面，如果存在则说明石料是用胶水拼接的。个别小块石材可将表面的砂浆清除，但是留下的痕迹仍清晰可见。然后，观察灵璧石的质地，正宗灵璧石表面应当光华温润，极具手感，但是瘦、皱、透、漏的特点不影响石肤（图1-100、图1-101）。接着，观察灵璧石的纹理，正宗石料应有特殊的白灰色石纹，其纹理自然清晰流畅，石纹呈V形，而经过人工处理后的石纹呈U形，纹色也不自然，如果用水洗，人造石纹即刻显现，且水干得慢，正宗灵璧石纹理表面干得快（图1-102、图1-103）。最

图1-100 灵璧石（一）

图1-101 灵璧石（二）

图1-102 灵璧石造型景观（一）

图1-103 灵璧石造型景观（二）

★装修顾问★

山石的设计运用

　　山石的种类繁多，在住宅装修设计种应当选用其中一种，不宜将多种风格的山石平均布置在同一空间内。如果追求典雅的中国传统氛围，可以选用太湖石，呈独立自由放置。如果想营造西方古典气息，可以选用黄蜡石，它们的布置形式与绿化一样，应整齐排列。如果想体现现代气息，可以选用经过加工成几何形体的任何山石，甚至使用混凝土筑造。总之，山石的选用一定要与装修风格一致。

　　此外，在户外庭院设计要有主题，不一定所有的庭院都要以山石为观赏中心，是否运用山石还要考虑个人喜好与审美情趣。山石不同于绿化植物，一般只有在装修业主的要求下，设计师才会考虑这部分的设计因素。

后，弹敲听音，用铁棒敲打，正宗灵璧石可听到清脆的声音。

　　灵璧石价格较高，作为现代装修的亮点，在施工过程中要注意保养。应将灵璧石表面处理好，即刷净、上蜡（地板蜡）。个别石料用布盖、玻璃罩着也是必要的。放置灵璧石要注意安全稳定，不能使其受到碰撞、损坏。如果灵璧石长期处于干热、干燥的环境中，原有的表面质地可能会出现干皱与光线变暗的现象，可以用湿布轻轻沾石，为石料背面湿水，始终保持温润、饱满的状态。

2. 人工山石

　　人工山石是指经过人为加工的山石材料，利用山石坚固的特性，将其重新整形加工，使山石的形态更符合装修运输、施工、应用（图1-104、图1-105）。用来加工的山石大多不具备独特的装饰审美，价

图1-104　人工山石（一）

图1-105　人工山石（二）

格相对较低，也可以认为这是一种对花岗石、大理石之外的石料进行再利用的方法。

人工山石中的典型代表既是文化石。文化石并不是一种单独的石材，本身也不附带文化含义，它表达的是铺装空间比较典雅，符合现代人崇尚自然，回归自然的文化理念，常用这种石材装饰墙面，制作壁景，透出一种文化韵味与自然气息（图1-106、图1-107）。

文化石主要分天然文化石与人造文化石两种。天然文化石是开采于自然界的石材，主要是将板岩、砂岩、石英石等石材进行加工，成为一种装饰型材（图1-108、图1-109）。天然文化石材质具有坚硬、色泽鲜明、纹理丰富、风格各异，具有抗压、耐磨、耐火、耐寒、耐腐蚀、吸水率低、可无限次擦洗等特点。但是装饰效果受石材原有纹理限制，除了方形石外，其他的施工较为困难，尤其是拼接时要讲究色彩搭配。人造文化石是采用无水硅酸钙、石膏、陶粒等材料精制而成的，重量为天然石材的30%，安装时无须额外支撑。它模仿天然石材的外形纹理，

图1-106　文化石（一）

图1-107　文化石（二）

图1-108　文化石（三）

图1-109　文化石（四）

具有环保节能、质地轻、色彩丰富、不霉、不燃、无污染、无放射性、便于安装等特点。人造文化石可选择性多，风格颜色多样，组合搭配使墙面极富立体效果。其中，安装时无需将其铆固在墙体上，而采取直接粘贴的方式即可，安装费用仅为天然石材的30％。

目前，文化石应用很广，主要以天然文化石为主，以往一般用于酒吧、餐厅等高档公共空间，现在也可以用于各种住宅装修，可以用于翻新旧的住宅，室内外均可使用。例如，门厅、客厅、餐厅、走道的背景墙，户外阳台、露台、庭院等空间界面（图1–110、图1–111）。天然文化石的价格较低廉，一般为40～80元／m^2，具体尺寸可定制生产。在选购时应注意，单块型材边长一般应≥50mm，厚度应≥10mm。如果将文化石铺装在户外，尽量不要选用砂岩类石料，这类石料容易渗水，即使表面进行了防水处理，也容易受日晒雨淋致防水层老化。

由于文化石品种繁多，在选购时要注意识别。首先，关注文化石的生产工艺，用卷尺测量文化石的边长，边长≤300mm的石料其公差为±4mm，边长300～600mm的石料其公差为±7mm，高于此范围会影响施工质量（图1–112）。然后，检查石料的吸水性，可以在石料表面滴上少许酱油，观察酱油的吸收程度，不宜选择吸水性过高的文化石，否则在吸水的同时也容易吸附灰尘，使石材变色（图1–113）。接着，仔细查看产品包装上的名称、注册商标、规格型号、执行标准、数量、批号或生产日期、生产商地址等信息，正规产品应按品种分别包装、并附产品合格证，采用纸箱包装，内附垫片。最后，注意经销商存放文化

图1-110　文化石客厅背景墙

图1-111　文化石庭院墙面

图1-112 外观测量

图1-113 表面吸水

石的环境,存放过程中应防潮湿、防雨淋,堆货堆不宜过高、高层次应≤5层,以防压碎。贮存环境应清洁、干燥、有防潮设施。

在施工中,现代文化石多采用石材胶粘剂粘贴至墙面上,而不再采用水泥砂浆铺贴,施工更快捷更安全,石料的缝隙一般采用与石料颜色相近的彩色水泥填补,渗透到表面的彩色水泥应及时擦除干净。待完全干燥24h后,可用手掰动石料检查是否有松动,及时修补局部。室内家居装修铺装文化石高度一般不超过4m。

★装修顾问★

青石板

青石主要是指浅灰色厚层鲕状岩与厚层鲕状岩夹中豹皮灰岩,表面呈浅灰色、灰黄色,新鲜面呈棕黄色及灰色,局部褐红色,基质为灰色,一般呈块状构造及条状构造,密度为2800kg/m³。青石一般被加工成板材,厚度为20~50mm,边长100~600mm不等,表面凸凹平和。青石板价格较低,厚20mm的板材价格为30~50元/m²。一般用于地面、构造表面铺贴,常用于户外阳台、庭院装修(图1-114、图1-115)。

图1-114 青石板铺墙

图1-115 青石板铺地

五、山石器具

山石器具是指采用天然石材加工而成的家具、花台、踏跺、蹲配、楼梯等具有实际使用功能的器具，是家居装修材料的组成部分。山石器具比较厚重，主要用于户外庭院空间，也有局部用于室内。用少量的山石器具在合宜的部位装点庭院，就仿佛将庭院建在自然山岩上一样，山石器具的应用目的是减少人文氛围，增添自然气息。常见的结合形式有以下几种。

1. 山石家具

山石家具是指采用天然石材制作的家具。常规家具一般为木质、金属、塑料等材料制作，样式、品种繁多，但是不适合户外使用，而且各种材料都不及山石坚固，因此，山石家具具有很强的适用性。

传统山石家具用于面积适宜的住宅庭院，如石屏风、石栏（图1-116、图1-117）、石桌（图1-118）、石凳（图1-119）、石几、石床等。山石家具多以花岗石为材料进行加工，其中山石桌凳使用最多，不仅具有实用价值，还能与造景密切结合，尤其用于起伏的自然式布置地段，很容易与周围的环境取得协调，既能节省木材又能耐久，无须搬进搬出，也不怕日晒雨淋。此外，山石几案宜布置在树下、林地边缘。选材上应与环境中其他石材相协调，外形上以接近平板或方墩状有一面稍平即可，尺寸上应比一般家具的尺寸大一些，使之与室外环境相称。山石几案虽有桌、几、凳之分，但在布置上却不能按一般木制家具那样对称安排，

图1-116　石栏（一）

图1-117　石栏（二）

图1-118 石桌凳

图1-119 石凳

而应散置在庭院中。

　　现代山石家具的种类非常多，不再局限于户外庭院使用，所选材料也由单一的花岗石变为色彩丰富的大理石。如餐桌、茶几的台面多采用白色、米色大理石镶嵌，配置少许其他颜色，营造出充实、温馨的家庭氛围。现代山石家具不再是纯粹的天然石材制品，石材只是其中的一部分，或适应装饰风格，或体现承载强度。

　　山石家具的价格较高，主要成本在于加工费。山石家具多采用机械打磨石材的边角，需要消耗大量人力与耗材。因此，在现代家居装修中，山石家具的使用率并不高。常规形体的4～6人餐桌，如果桌面为大理石，价格多在3000元以上，如果全部为天然石材，则价格会达到8000元。选购山石家具时要注意识别质量。优质户外山石家具多采用花岗石制作，质地与色彩应统一，商家多会提供上门安装服务。

　　山石家具在施工过程中要精心操作，轻拿轻放，随时注意保洁，可以使用软布擦拭。落地安装应铺装厚度为50mm以上的水泥砂浆。安装时基础应稳固，户外庭院可以在地面上开挖深约100mm的基础，铺装水泥砂浆后，再采用膨胀螺栓将山石家具固定。如果在施工中不小心造成边角破损，可以采用打磨机进行打磨，将破损部位打磨平滑。如果石材表面受到撞击出现较大缺口，可以采用同色云石胶修补，待干后使用小平铲铲除多余凝固部分即可。这类方法需要消耗较大人工，费用较高，应当特别预防。对于使用频率较高的餐桌、茶几等台面，可以铺上一张透明软质PVC垫防止日常磨损。

2. 山石花台

山石花台是指采用天然石材制作的花台（图1-120、图1-121）。山石花台的应用要领与山石驳岸有共通之处，所不同的是花台从外向内包，驳岸则多是从内向外包，山石花台在我国南方庭院中得以广泛运用，其主要原因是山石花台的形体可随机应变，小可占角，大可成山，特别适合与文化石背景墙结合，随心变化。此外，运用山石花台组合也是家居庭院设计的重点，一般在庭院游览线路中，能形成良好的自然式道路（图1-122、图1-123）。

我国南方地区多雨，地下水位高，而我国传统的一些名花，如牡丹、芍药等，却要求排水良好，为此用花台能提高种植地面的高度，同时还能将花卉提高到合适高度，有利于赏花。

山石花台的造型强调自然、生动，为达到这一目标，在设计施工时，应注意花台轮廓应有曲折、进出的变化，注意具有大弯与小弯的凹凸面，使弯的深浅与间距各不相同。花台的立面轮廓要有起伏变化，花

图1-120 山石花台（一）

图1-121 山石花台（二）

图1-122 山石花台（三）

图1-123 山石花台（四）

台上的山石与平面变化相结合还应有高低的变化，切忌将花台做成全部平齐状。花台造型要伸缩，必须有虚实与藏露的变化。花台的断面轮廓既直立，又有坡降、上伸、下收等变化。

在施工中，由于山石花台多购买成品件安装，因此要预先采用水泥砂浆或混凝土制作基础，其构造形式与山石家具相当。必须采用膨胀螺栓辅助固定，成品花台的安装高度应在1.5m以下，砌筑花台的基础应至少深入地面以下100mm，防止跌落、倒塌对人造成伤害。

3. 石构造

石构造是指采用天然石材制作的踏跺、蹲配、楼梯等构造。

1）石踏跺

我国传统庭院建筑从室内到室外常有一定的高程差，通过规整或自然石台阶取得上下衔接，一般将自然石台阶称为如意踏跺，这有助于处理从人工建筑到自然环境之间的过渡。踏跺用石选择扁平状，并以不等边三角形、多边形间砌，则会更自然。每级高100～300mm，一组台阶中的每级高度可不完全一样。传统的如意踏跺有令人称心如意的含义，同时两旁设有垂带。每级山石都向下坡方向有2%的倾斜坡度，以便排水。施工时，石台阶的断面要上挑下收，以免人在上台阶时脚尖碰到石阶的上沿。用小块山石拼合的石阶，拼缝要上下交错，以上石压下缝。现代踏跺多采用机械加工成型的山石材料制作（图1-124）。

2）石蹲配

蹲配是与如意踏跺配合使用的一种石材构造（图1-125）。从外形

图1-124　石踏跺

图1-125　石踏跺与蹲配

图1-126　石楼梯（一）　　　　图1-127　石楼梯（二）

上看，蹲配不像垂带与石鼓那样呆板，它一方面作为石阶两端支撑的梯形基座，也可以由踏跺本身层层叠上而用蹲配遮挡两端不易处理的侧面。施工时，在保证这些实用功能的前提下，蹲配在空间造型上则可利用石材的形态极尽自然变化。蹲配以体量大而高者为蹲，体量小而低者为配。实际上除了蹲以外，也可立可卧，以求组合上的变化，但是务必使蹲配在庭院轴线两旁有均衡的构图关系。

　　3）石楼梯

　　石楼梯是以石材制成的庭院或室内楼梯，常被称之为云梯。它既可节约使用面积，又可以形成装饰造型景观（图1-126、图1-127）。石楼梯的形态应不拘一格，如果只能在功能上作为楼梯而不能成景则不是上品。因此，石楼梯要与室内、庭院中的景物取得联系与呼应。由于石楼梯自重较大，用于室内施工，多采用厚度20mm左右的石板，铺装方法与常规铺装地砖一致。

　　上述石构造的施工工艺比较简单，重点在于基础构造应扎实、牢固。石构造的基础应当采用C20细石混凝土浇筑，采用膨胀螺栓固定，或将底部石材埋在混凝土中。位于庭院的楼梯基础周边的土壤应夯实，表面可以用碎石掩盖。

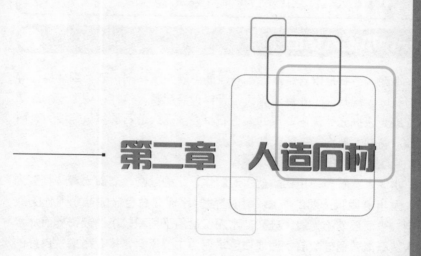

第二章　人造石材

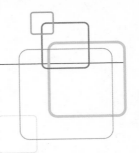

第二章 人造石材

天然石材价格较高，部分产品存在辐射，很多装修业主都敬而远之。随着科学技术的进步，近年来发展起来的人造石材无论在材料质地、生产加工、装饰效果和产品价格等方面都显示出了显著的优越性，成为一种有发展前途的新型装饰材料，已逐步运用到装饰装修的各个领域。

一、水泥人造石

水泥人造石是以各种水泥或石灰磨细砂为胶粘剂，砂为细骨料，碎花岗石、大理石、工业废渣等为粗骨料，经配料、搅拌、成型、加压蒸养、磨光、抛光等工序制成的人造石材。水泥人造石的抗风化能力、耐火性、防潮性都优于一般天然石材。

1. 普通水泥人造石

水泥人造石多采用铝酸盐水泥制作，结构致密，表面光滑，具有光泽，呈半透明状（图2-1）。采用硅酸盐水泥或白色硅酸盐水泥作为胶粘剂，表面层就不光滑，硅酸盐水泥仅适用于面积较小的装饰界面。水泥人造石以普通硅酸盐水泥或白色水泥为主要原料，掺入耐磨性良好的砂子与石英粉作填料，加入适量颜料后入模制成。水泥人造石面层经过处理后，在色泽、花纹、物理、化学性能等方面都优于其他类型的人造石材，装饰效果可以达到以假乱真的程度（图2-2）。

图2-1 普通水泥人造石

图2-2 普通水泥人造文化石

水泥人造石取材方便，价格低廉，色彩可以任意调配，花色品种繁多，可以被加工成文化石，铺装成各种不同图案或肌理效果。制作厚40mm的彩色水泥人造石，价格为40～60元／m²。

施工时，由于水泥人造石强度不及其他天然石材，因此不宜用于构造的边角等易碰撞处。采用水泥砂浆铺装到墙面后，应采用相同的水泥砂浆填补缝隙，不宜采用白水泥填缝，如需调色可以直接在水泥砂浆中掺入矿物质色浆，颜色近似即可。水泥人造石的铺装高度应≤4m，铺装过高容易塌落。施工完毕后要注意养护，防止经常性磨损。

2. 水磨石

在现代家居装修中，水泥人造石需要根据实际情况进行现场配置，并不是所有施工员都能熟练操作，因此运用并不多，运用较多的是在此基础上发展而来的水磨石。水磨石又被称为磨石子，是指大理石和花岗石或石灰石碎片嵌入水泥混合物中，用水磨去表面而平滑的人造石（图2-3～图2-8）。水磨石通常用于地面装修，也被称之为水磨石地面，它

图2-3　彩色石砂（一）

图2-4　彩色石砂（二）

图2-5　彩色石砂（三）

图2-6　彩色水磨石（一）

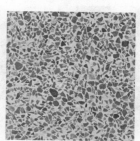
图2-7　彩色水磨石（二）

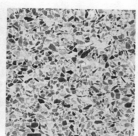
图2-8　彩色水磨石（三）

拥有低廉的造价与良好的使用性能，可任意调色拼花，防潮性能好，能保持非常干燥的地面，适用于各种家居环境。但是水磨石地面也存在缺陷，即容易风化老化，表面粗糙，空隙大，耐污能力极差，且污染后无法清洗干净。

传统清洁水磨石地面的方法是清洗打蜡，这也是唯一的保洁方法，但是施工频繁，成本很高。因此，一般使用2~3年后还要对水磨石地面作机械打磨，将水磨石表面风化、磨蚀的老化层刨去露出新鲜层，操作起来也不是很方便，至少要将室内家具搬离后才能实施。近年来，市场上出现了水晶硅等新产品，采用改性树脂与硅酸盐粉末混合填料封堵水磨石表面孔隙，使普通水磨石达到天然石材的效果。类似产品能够有效提高水磨石地面的耐用性，降低维护成本，使水磨石的应用得到继续推广，并由此产生了艺术水磨石等新型产品（图2-9、图2-10）。

现代水磨石制作一般都由各地专业经销商承包，要用到专业设备、材料，普通装修施工员一般不具备相关技能，价格也比传统水磨石地面要高，一般为60~80元／m²，但是仍比铺装天然石材要便宜不少。

现代水磨石制作方法比价复杂，在施工时，装修业主务必监督施工质量。首先，将混凝土基层上的杂物清净，不得有油污、浮土，将沾在基层上的水泥浆皮铲净，并在房间的四周墙壁上弹出标高水平线高度，一般为50mm。然后，根据墙上弹出的水平线，留出面层约10~15mm的厚度，抹1：3水泥砂浆找平层，抹好找平层砂浆后养护24h。接着，弹分格线，一般采用800mm×800mm规格，如果设计有图案，应按

图2-9　水磨石楼梯台阶

图2-10　水磨石地面

设计要求弹出清晰的线条，用较稠的素水泥浆将分格铜条固定住（图2-11）。将根据设计要求调配好的水泥石浆倒入找平层表面，厚约10～15mm，不宜超过分格条，找平后进行养护2～3d。最后，开始机械打磨（图2-12），过早打磨石粒易松动，过迟则会造成磨光困难，因此需进行试磨，以面层不掉石粒为准。机械打磨分别为粗磨、细磨、磨光等3遍，每遍打磨均要浇水养护，防止粉尘污染，每遍打磨后应养护2～3d。对于艺术水磨石还要采用水晶硅等产品养护。

水磨石地面施工完毕后要进行验收。普通水磨石地面应光滑、无裂纹、砂眼、磨纹，石粒密实，显露均匀，图案符合设计要求，颜色一致，不混色，分格条牢固、清晰、顺直。镶边的边角整齐光滑，不同面层颜色相邻处不混色。艺术水磨石地面除上述标准外，阴阳角收边方正，尺寸正确，拼接严密，分色线顺直，边角整齐光滑、清晰美观。打蜡均匀不露底，色泽一致，厚薄均匀，光滑明亮，图纹清晰，表面洁净（图2-13、图2-14）。

图2-11 镶嵌铜条

图2-12 地面打磨

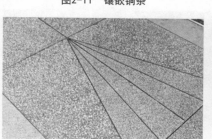

图2-13 水磨石地面

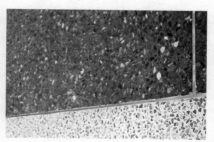

图2-14 水磨石分色线

二、聚酯人造石

聚酯人造石是以甲基丙烯酸甲酯、不饱和聚酯树脂等有机高分子材料为基体，以石渣、石料为填料，加入适量的固化剂、促进剂及调色颜料，通过高温融合后再固化成定的石材产品。聚酯人造石已成为现代家居装修人造石的代名词，泛指所有人造石。

1. 基本性能

聚酯人造石采用先进工艺机械化方式生产，在制造过程中配以不同的色料制成具天然大理石效果的石材制品（图2-15、图2-16）。因其具有无毒性、无放射性、阻燃性、不粘油、不渗污、抗菌防霉、耐磨、耐冲击、易保养、拼接无缝、任意造型等优点，正逐步成为装修建材市场上的新宠（图2-17、图2-18）。

聚酯人造石将开采天然石材产生的巨量废料当作主要原料，是一种变废为宝的装饰材料，具有巨大的经济价值与环保价值。聚酯人造石由于生产时所加的颜料不同，采用的天然石材的种类、粒度、纯度不同，以及制作的工艺方法不同，因此，人造大理石的花纹、图案、颜色和质感也就不同。通常制成仿天然大理石或天然玛瑙石，根据它们的花纹与质感，分别称之为人造大理石与人造玛瑙。另外，还可以制作具有类似玉石色泽与透明状的人造石材，在装饰工程中称之为人造玉石。人造玉石可惟妙惟肖地仿造出紫晶、彩翠、芙蓉石、山田玉等名贵产品，甚至能达到以假乱真的程度。

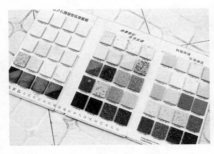

图2-15　聚酯人造石样本

图2-16　聚酯人造石样本

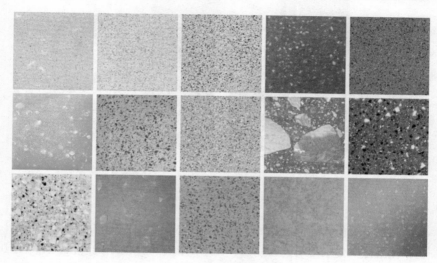

图2-17　聚酯人造石样式

图2-18　聚酯人造石样本

图2-19　卫生间台面

　　在家居装修中，聚酯人造石通常用于制作卫生间、厨房台面（图2-19、图2-20），可以用于窗台（图2-21）、餐台等构造的饰面板，可以完全取代天然石材用于墙面、家具表面铺装，可以制作卫生洁具，如浴缸，带梳状台的单、双洗脸盆，立柱式脸盆等。另外，还可以制成人造石壁画、花盆、雕塑等工艺品。

　　聚酯人造石在全国各地均有生产、销售，价格比较均衡，一般规格为，宽度在650mm以内，长度为2.4～3.2m，厚度为10～15mm，经销商可以根据现场安装尺寸订制加工，包安装，包运输。聚酯人造石的综合价格一般为400～600元／m^2。

图2-20　橱柜台面

图2-21　窗台面

2．识别比较

目前，聚酯人造石的种类十分丰富，从外观上已很难看出与天然石材，尤其是天然大理石的区别了，由于高档聚酯人造石的价格甚至超过天然石材，很多经销商故意将其二者混淆，欺骗装修业主。因此，在选购时要特别注意比较。

1）纹理色泽

天然大理石色泽比较透亮，会有大面积的天然纹路，采用干净的湿纸巾或抹布擦拭后更为明显（图2-22）。而聚酯人造石的颜色比较混浊，且没有纹路，即使擦拭得非常干净，表面纹理也很平庸。此外，天然大理石的色彩对比效果很强烈，如红色与黑色，黄色与白色之间纹理很清晰，忽明忽暗，具有一定闪烁甚至耀眼的效果。聚酯人造石虽然也有类似的效果，但是给人的感觉总像有一层透明膜在里面包裹，并没有凸显出来。

2）观察侧壁

天然大理石的侧壁或截断面色泽、纹理、质感一致，表里如一，虽然经过磨光的表面很光亮，但是与侧壁的粗糙面相差不大（图2-23）。聚酯人造石的侧壁密度一般分为2~3个层次，上表层比较细腻，而中下层比较粗糙，或在色彩上有一定的差异；上表层比较鲜亮，而中下层比较黯淡。

3）腐蚀测试

如果条件允许，可以分别在天然大理石与聚酯人造石上滴几滴稀盐

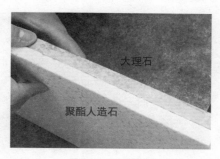

图2-22 纹理色泽比较 　　　　　　　图2-23 侧壁比较

酸，天然大理石会剧烈起泡，而人造大理石则轻微起泡甚至不起泡。因为聚酯人造石对酸、碱物质具有较强的耐受性。如果条件有限，也可以采用酱油，天然大理石表面纹理容易渗透酱油，而聚酯人造石则不会留下任何痕迹（图2-24、图2-25）。

4）气味比较

用鼻子分别仔细闻天然大理石与聚酯人造石的侧面或背面。天然大理石无任何气味，而聚酯人造石则会有轻微的刺鼻气味或异味。这些气味来自于各种化学添加剂，但是经销商提供的石材样本却闻不出任何气味，那是因为样本石材的体积小，早已挥发干净。略有气味的聚酯人造石并不影响其环保性能，待到安装完毕后其自身味道早已挥发干净。

5）厚度比较

天然大理石板材的厚度一般应≥15mm，过于单薄就容易破裂，强度较低的天然大理石背面还会添加网格，多采用胶粘剂将防裂玻璃纤维网粘贴至石材背后。聚酯人造石的厚度一般为5~10mm，背面则没有

图2-24 大理石酱油测试 　　　　　　图2-25 聚酯人造石酱油测试

粘结网格，只是在铸造成型时压有网格纹理。

3. 选购方法

目前，聚酯人造石的花色品种很多，很多商家根据花色来定价，价格差距越来越大，产品质量参差不齐，在选购时要注意质量。

1）表面质地

从表面上看，优质的聚酯人造石经过打磨抛光后，表面晶莹光亮，色泽纯正，用手抚摸有天然石材的质感，无毛细孔。劣质产品的表面发暗，光洁度差，颜色不纯，在视觉上有刺眼的感觉，用手抚摸感到涩，有毛细孔，即对着光线以45°斜视，像针眼一样的气孔。这样的产品卫生性较差且不环保。

2）砂纸打磨

优质聚酯人造石具有较强的硬度与机械强度，用尖锐的硬质塑料划其表面也不会留下划痕。劣质产品质地较软，很容易划伤，而且容易变形。可以采用0号砂纸打磨石材表面，容易产生粉末的产品则说明质量较差，优质产品经过打磨后表面磨损应不大（图2-26），不会产生明显粉末。

3）撞击测试

如果条件允许，可以进一步测试聚酯人造石的硬度与强度，取一块约30mm×30mm的石材，用力向水泥地上摔去，质量差的产品会摔成粉碎小块，而质量好的一般只碎成2~3块，而不会粉碎，用力不大还会从地面上反弹起来。

4）燃烧测试

如果条件允许，取一块细长的条形人造石，放在打火机上烧，质量差的产品很容易烧着，而且烧得很旺。质量好的产品是烧不着的，且离开火焰后会自动熄灭。因为优质产品的石粉为氢氧化铝，具有良好的阻燃性能，质量较差的产品，其石粉部分为氢氧化钙（石灰粉），不能阻燃（图2-27）。

5）腐蚀测试

取家庭日常的有色液体，如口红、墨水、醋、酱油等，倒在聚酯人造石上约10min后，再用清水擦洗，看是否有渗透，优质产品应能轻松

图2-26　砂纸打磨

图2-27　燃烧测试

擦洗掉表面颜色。

6）气味比较

聚酯人造石多少都会有些刺鼻气味，尤其是地方产品品质差异很大，优质产品只有将鼻子贴近石材时才闻得到，远离300mm就基本闻不到气味了。但是劣质产品的刺鼻气味则很大，安装使用后直至1年都无法完全挥发干

图2-28　闻气味

净。其中甲醛、苯会对人体造成极大伤害（图2-28）。

4. 施工保养方法

1）施工方法

聚酯人造石多用于厨房橱柜台面或窗台台面铺装，聚酯人造石都为定制加工产品。

首先，经销商将尺寸稍大的毛料人造石运输至施工现场后都要重新进行测量安装尺寸，对照安装尺寸在毛料人造石上放线定位。

然后，采用切割机沿着尺寸线裁切，由于粉尘较大，施工时应佩戴专用防尘口罩或面具。

接着，将人造石搁置在校正平整的橱柜台面上即可，如果台面不平整，应该使用不同厚度的胶合板垫压在人造石与橱柜之间。铺装在外挑窗台上的人造石应当在基础上铺装1：1水泥砂浆或素水泥，厚度约为

30mm即可。

最后，采用打磨机对石材外露边角进行打磨，一般呈均匀的圆角为佳，也可以将多余的石材边条粘贴至外凸板材的边缘下部，采用同色云石胶粘结，再打磨平整。

2）保养方法

聚酯人造石在放置高温物体时，应在放置物品下加带有橡胶脚的支架、隔热垫等其他隔热材料，以免人造石台面会因短时间内骤冷骤热导致台面炸裂（图2-29）。聚酯人造石的日常维护只需用海绵、加中性清洁剂擦拭，就能保持清洁。如果需要消毒，可用稀释后的日用漂白剂，与水调和成1：3或1：4的溶剂，或其他消毒药水来擦拭其表面。用毛巾及时擦去水渍，尽量保持台面的干燥。由于水中含水垢、强氧化剂，水在橱柜台面长时间停留会产生难以去除的污渍，可以用电吹风吹干，污渍会慢慢消失（图2-30）。细小的白痕可用食用油润湿干布轻擦表面去除。如果出现细小污渍，可用中性洗洁剂、啫喱状牙膏擦拭。

亚光表面石材可以用去洗洁剂圆圈打磨（图2-31），然后清洗，再用干毛巾擦干。隔段时间用百洁布把整个台面擦拭一遍，使其保持表面光洁。半亚光

图2-29 聚酯人造石裂纹

图2-30 电吹风吹干

图2-31 洗洁剂转圈擦拭

图2-32 抹布擦拭

图2-33 海绵擦拭

表面可以用百洁布蘸非研磨性的清洁剂圆圈打磨，再用毛巾擦干（图2-32）。高光表面可以用海绵与非研磨性的亮光剂磨（图2-33）。特别难除去的污垢，可用1200号砂纸打磨，然后用软布与亮光剂（或家具蜡）擦亮。

★装修顾问★

复合人造石与烧结人造石

除了正文中介绍的人造石以外，还有复合人造石与烧结人造石是两种比较传统的人造石材，适用范围与聚酯人造石基本相当。

（1）复合人造石。其底层用低廉而性能稳定的水泥制作，面层用聚酯与大理石粉制作，表面效果与聚酯人造石相当，成本低廉（图2-34）。

（2）烧结人造石。其烧结方法与陶瓷工艺相似，将斜长石、石英、辉石、方解石粉、赤铁矿粉及部分高岭土等混合，在窑炉中经1000℃左右的高温焙烧而成。烧结型人造石材的装饰性好，性能稳定，但需经高温焙烧，因而能耗大，造价高。但是烧结人造石的抗压强度不高，一般不用于有承载要求的室外地面，防止破裂（图2-35）。

图2-34 复合人造石

图2-35 烧结人造石

三、微晶石

微晶石又被称为微晶玻璃复合石材，是将微晶玻璃复合在陶瓷玻化石的表面，经过二次烧结后完全融为一体的人造石材。微晶石作为一种新型装饰材料，逐渐进入家居装修，是目前家居装修比较流行的新型绿色环保人造石材。

1. 品种类型

根据微晶石的原材料及制作工艺，微晶石可以分为无孔微晶石、通体微晶石、复合微晶石等3类。

1）无孔微晶石

无孔微晶石又被称为称人造汉白玉，是一种多项理化指标均优于普通微晶石、天然石的新型高级环保石材，其色泽纯正、不变色、无辐射、不吸污、硬度高、耐酸碱、耐磨损等特性（图2-36）。其最大的特点是通体无气孔、无杂斑点、光泽度高、吸水率为零、可作二次打磨翻新，弥补了普通微晶石，天然石的缺陷。适用于家居住宅的外墙、内墙、地面、圆柱、洗手盆、台面等界面装修。

2）通体微晶

通体微晶石亦被称为微晶玻璃，是一种新型的高档装饰材料。它是以天然无机材料、采用特定的工艺、经高温烧结而成。具有无放射、不吸水、不腐蚀、不氧化、不褪色、无色差、不变形、强度高、光泽度高等特性（图2-37）。

图2-36　微晶石样本（一）

图2-37　微晶石样本（二）

3）复合微晶石

复合微晶石也被称为微晶玻璃陶瓷复合板，复合微晶石是将微晶玻璃复合在陶瓷玻化砖表面的一层3～5mm厚的新型复合板材，是经二次烧结而成的高科技新产品，微晶玻璃陶瓷复合板厚度为13～18mm。复合微晶石结合了玻化砖和微晶玻璃板材的优点，完全不吸污，方便清洁维护，其坚硬耐磨性、表面硬度、抗折强度等方面均优于花岗石与大理石。复合微晶石色泽自然、晶莹通透、永不褪色、结构致密、晶体均匀、纹理清晰、具有玉质般的感觉。同时复合微晶石还避免了天然石材的放射性危害，属无放射性产品，是现代家居装修的理想绿色建材。

2. 基本性能

微晶石是在与花岗石形成条件类似的高温下，经烧结晶化而成的材料，质地均匀，密度大、硬度高，抗压、抗弯、耐冲击等性能优于天然石材，经久耐磨，不易受损，更没有天然石材常见的细碎裂纹。板面光泽晶莹柔和，微晶石既有特殊的微晶结构，又有特殊的玻璃基质结构，质地细腻，板面晶莹亮丽，对于射入光线能产生扩散漫反射效果，使人感觉柔美和谐（图2-38）。

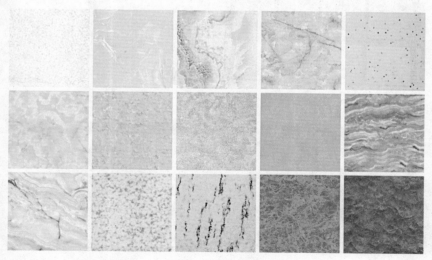

图2-38　微晶石样式

微晶石的色彩多样，着色是以金属氧化物为着色剂，经高温烧结而成的，因此不褪色，且色泽鲜艳。一般以水晶白、米黄、浅灰、白麻等色系最为流行（图2-39）。同时，能弥补天然石材色差大的缺陷，产品广泛用于各种装修界面。微晶石作为化学性能稳定的无机质晶化材料，又包含玻璃基质结构，其耐酸碱度、抗腐蚀性能都甚于天然石材，尤其是耐候性更为突出，经受长期风吹日晒也不会褪光，更不会降低强度。微晶石的吸水率极低，几乎为零，多种污秽浆泥、染色溶液不易侵入渗透，依附于表面的污物也很容易清除擦净，特别方便于家居保洁（图2-40、图2-41）。

微晶石还可用加热方法，制成所需的各种弧形、曲面板（图2-42），具有工艺简单、成本低的优点，避免了弧形石材加工大量切削、研磨、耗时、耗料、浪费资源等弊端。但是，微晶石表面硬度低于抛光砖，由于表面光泽度较高，如果遇划痕则很容易显现出来。此外，表面有一定数量的针孔，遇到污垢很容易显现。

图2-39 微晶石展示

图2-40 微晶石板材

图2-41 微晶石线条

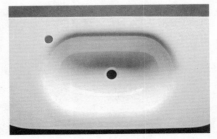

图2-42 微晶石弯压

图2-43 微晶石铺装

图2-44 微晶石台面

微晶石主要用于家居装修的地面、墙面、家具台柜铺装（图2-43、图2-44），常见厚度为12～20mm，可以配合施工要求调整，宽度一般为0.6～1.6m，长度为1.2～2.8m不等，价格为80～120元／m²。

3. 选购方法

目前，我国从事微晶石生产的厂家都是知名企业，质量比较可靠，中小型企业没有相关技术与设备是无法生产微晶石产品的。但是在选购时也要注意识别真假，避免少数不法经销商将抛光砖冒充微晶石高价出售。识别微晶石主要是观察其透明层与光亮度。

1）透明层

透明玻璃的光学性能就是具有透明性质，厂家正是利用它的这一性质，将印制的精美艺术花纹得到充分展现，并增加了这种花纹的立体感（图2-45）。可以对着光察看微晶石表面，材质为透明或半透明状，厚度为3～5mm，虽然透明层上有图案、花纹，但是不影响真实的透明质感。也可以从侧面观察，能清晰地看到透明层存在（图2-46）。

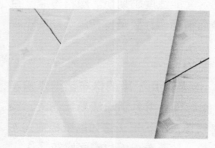

图2-45 微晶石表面

图2-46 微晶石侧面

2）光亮度

微晶石除极个别的小品种外，其光亮度都特别高，采用湿纸巾或抹布将微晶石表面擦拭干净，即可显现出高亮的反光。在比较暗的环境下，微晶石甚至可以当镜子使用。而普通天然石材、人造石材、陶瓷制品均达不到这种效果。

4. 施工方法

微晶石表面层比一般石材坚强、结构至密，应选用微晶石专用金刚石锯片。在切割微晶石过程中应确保平衡，尽量减低震动，特别是侧面摆动，尽量使用台式锯切机，保证加工平稳。切割时的关键在于调整好进刀速度，只要进刀速度选择得当，就可将变形控制到最小，从而保证切割的直角度，到了快要切完的出刀阶段，为使变形不会突然释放而导致板材产生掉角缺陷中，要适当提前开始逐渐减速。锯割后，在加工好的板材移开之前，切忌将操作台逆向拖回。因为这时锯片形状已经恢复到初始状态，往往会擦刮到被拖回来的板材边沿而导致崩边。

如果直接使用手持便携型云石锯，则务必保证操作者具有足够的经验与技巧。切割时还应充分浇水冷却，注水水流要始终都动态地对准随时变动中的切割锋面。保证充分的冷却条件十分重要，否则切割锋面过热，甚至摩擦严重到发红打火，就极易导致炸纹隐伤或者干脆炸裂。采用微晶石铺装地面时，要在铺设水泥砂浆时留一些沟槽，不同于石材须全部铺满水泥砂浆。

微晶石十分明亮，任何污染都会十分刺眼。施工中尽量不要过早、过宽地除去表面的塑料薄膜，它既防污又能适度防划伤。塑料薄膜一旦刮伤，往往也就意味着此处的石材表面被刮伤，要坚持在施工期间不揭掉此薄膜。

5. 维护保养

对于已经产生的水泥污染斑痕，要及时用干净的抹布沾清水擦净（图2-47），不应该任凭水泥硬化，此后再去用力刮除极易损伤或污染表面。对于已经铺好的地面部分，必须覆盖保护层，诸如厚纸板或薄木板，以防施工过程中人员走动带来砂粒，从而造成板材表面磨花损伤。

图2-47　抹布擦拭

图2-48　牙刷与洗衣粉擦拭

　　如果微晶石表面偶然残留的针孔被填塞了灰土之类污物，应该用牙刷结合适当的清洗液刷净。在仍不见效的情况下，采用市售的浓盐酸，加水兑成1∶2稀释液，这样刷净之后，一定要做后续清洗，用清水反复冲洗5遍，每遍所用水量应该是稀释过盐酸的100倍。清洗过程中一定要配戴眼镜与橡胶手套，注意避免眼睛或皮肤被烧伤。

　　在日常保洁中，应选购擦玻璃用的中性清洁剂，不能使用石材除霉剂等腐蚀、溶解性物品。可以采用洗衣粉加水，对于已经因刮伤而纳污的划痕，乃至正常使用但保洁欠缺、污染明显的区域，牙刷加洗衣粉就可容易达到满意的效果（图2-48）。微晶石使用一段时间后，表面会变毛发乌、光泽明显降低，直至最后变成亚光状态。需要进行表面光泽保养，彻底擦净水迹、保证表面干燥，用干净的软布抹取石材打光蜡，涂布到表面上，停留10min后，再用干净软布擦抛光亮。

★装修顾问★

微晶石的优势

　　微晶石之所以性能优于天然花岗石、大理石、聚酯人造石，这与微晶石所含的物质成分及成型有关。

　　微晶石是选取花岗石中的几种主要成分经高温，分离出来的特殊晶体，具有很高的硬度与强度，在成型过程中又经过二次的高温熔融定型，因此，没有天然石材形成的纹理，所以既不易断裂、不吸水，不受侵蚀或污染，光泽度也高，不会出现色差、泛碱等现象，同时也不含任何放射性元素，对装修空间无污染。

四、塑山石

塑山石是近年来新发展起来的一种人造山石技术，它充分利用混凝土、玻璃纤维、有机树脂等现代材料，以雕塑艺术的手法仿造自然山石，具有真山石同样的功能，因而在现代家居装修，尤其是庭院装修中得到广泛使用（图2-49、图2-50）。

1. 品种特点

塑山石可以任意塑造出比较理想的山石艺术形象，特别是可以塑造出难以采运和堆叠的巨型奇石。塑山造型能与现代建筑相协调，随地势、建筑而塑山。用塑山技法来表现黄蜡石、英石、太湖石等不同石材所具有的风格，可以在非产石地区布置山景，利用价格较低的材料，如砖、砂、水泥等，获得较高的山景艺术效果。

塑山石施工灵活方便，不受地形、地物的限制，在重量很大的巨型山石不宜进入的地方，如室内花园、屋顶花园等，仍然可以塑造出壳体结构自重较轻的巨型山石。利用这一特点可以掩饰、伪装庭院环境中有碍景观的建筑物、构筑物。还可以根据意愿预留位置栽植植物，进行绿化。当然，由于塑山所用的材料毕竟不是自然山石，因而在细节上还是不如真实山石，同时使用期限较短，需要经常维护。

2. 设计方法

塑造的山石，其设计要综合考虑山石的整体布局以及与环境的关系，塑山石仍是以自然山水为蓝本。但是塑山石与自然山石相比，有干

图2-49　塑山石（一）

图2-50　塑山石（二）

图2-51 塑山石（三）

图2-52 塑山石（四）

枯、缺少生气的缺点，要多考虑绿化与泉水的配合，以补其不足。塑山石是用人工材料塑成的，毕竟难以表现石的本身质地，所以宜远观不宜近赏（图2-51、图2-52）。

在塑山石前要做好设计创意，可以根据真山石的形体结构创意，或直接仿照现有的山石景观，只是在尺度上有所变化。再使用石膏塑造形体解构，其造型不必很细致，但是要表现出真实的力学特征与承重结构。在庭院中塑山石不宜追求特别奇特、险要，主要考虑周边的绿化环境和配饰。单独看来是很拙劣的造型，将它放到翠绿的草坪上，仍可显露出稳重的质感。

塑山石如同雕塑一样，要按设计方案预先塑造好模型，使设计立意变为实物形象，以便进一步完善设计方案。模型常以1：10～1：50的比例采用石膏制作。塑山石模型一般要做2套，1套放在现场工作棚，1套按模型坐标分解成若干小块，作为施工临模依据。并利用模型的水平、竖向坐标划出模板，在悬石部位标明预留钢筋的位置及数量。

3. 施工方法

1）制作基架

塑山石的骨架结构有砖结构、钢架结构（图2-53）、混凝土，或将这三者相结合，也有利用建筑垃圾、毛石作为骨架结构。其中砖结构简便节省，方便修整轮廓，对于山形变化较大的部位，可结合钢架、钢筋砼悬挑。山体的飞瀑、流泉与预留的绿化洞穴位置，要对骨架结构作好防水处理。坐落在地面的塑山要有相应的地基处理，坐落在室内的塑山

图2-53　钢筋基础

图2-54　砂浆喷涂

石则须根据楼板的构造与荷载条件进行结构计算，包括各种梁、柱、支撑构造的设计等，施工中应在主基架的基础上加密支撑体系的框架密度，使框架的外形尽可能接近设计山体的形状。

2）泥底塑型

采用水泥、黄泥、河沙配成可塑性较强的砂浆，在已砌好的骨架上塑形，反复加工，使造型、纹理、塑体与表面刻划基本上接近模型（图2-54）。在塑造过程中，水泥砂浆中可加纤维性的附加料以增加表面抗拉的力量，减少裂缝，常以水泥砂浆作初步塑型，塑造成峰峦、石纹、断层、洞穴、一线天等自然造型。

在塑体表面进一步细致刻划，塑造出石料的质感、色泽、纹理与表层特征。质感和色泽根据设计要求，用石粉、色粉按适当比例配白水泥或普通水泥调成砂浆，按粗糙、平滑、拉毛等塑面手法处理。纹理塑造以直纹为主、横纹为辅，较能表现峻峭、挺拔的姿势。以横纹为主、直纹为辅的山石，较能表示潇洒、豪放的意象。一般常用水泥砂浆罩面塑造山石的自然皱纹（图2-55、图2-56）。

3）进行配色

在塑面水分未干透时进行，基本色调用颜料粉与水泥加水拌匀，逐层洒染。在石缝孔洞或阴角部位略洒稍深的色调，待塑面快干时，在凹陷处洒上少许绿、黑或白色等大小、疏密不同的斑点，以增强立体感与自然感（图2-57、图2-58）。这种方法简便易行，但是色调过于呆板与生硬，且颜色种类有限。此外，还可以在白色水泥中掺加色料。此法可

图2-55 塑面造型

图2-56 造型待干

图2-57 彩色颜料

图2-58 涂刷色彩

配制成各种石色，且色调较为自然逼真，但技术水平要求较高，操作方法也很繁琐。

4. 全新施工工艺

为了克服钢、砖骨架塑山存在着的施工技术难度大，皴纹很难逼真，材料自重大，易裂与褪色等缺陷。目前，国内外又探索出一些新型塑山材料。

1）GRC塑山石

GRC是玻璃纤维强化水泥，它是将抗碱玻璃纤维加入到低碱水泥砂浆中硬化后产生的高强度的复合物。它用于塑山的优点为造型、皴纹逼真，具有岩石坚硬、润泽的质感。山石自身重量轻，强度高，抗老化且耐水湿，易进行工厂化生产，施工方法简便、快捷、造价低，可在室内外及屋顶花园等处广泛使用。假山的造型设计、施工工艺较好，与植物、水景等配合，可使景观更富于变化与表现力（图2-59）。

GRC塑山石主要也采取喷射工艺。首先，根据山石种类选择制模

图2-59　GRC塑山石

图2-60　CFRC塑山石

材料。常用模具的材料可以分为软模和硬模，软模包括橡胶模、聚氨酯模、硅模等；硬模包括钢模、铝模等。制模时应选择天然岩石皴纹好的部位为本与便于复制、操作为条件。然后，开始制作，将低碱水泥与一定规格的抗碱玻璃纤维均匀分散地喷射在模具中，待凝固成型。在喷射时应边吹射边压实，并在适当的位置预埋铁件。接着，将GRC石块构件按设计要求进行组装，焊接牢固，经过修饰后使其浑然一体。最后，进行表面处理，主要使石块表面产生防水效果，并具有真石的润泽感。

2）CFRC塑山石

CFRC是碳纤维增强混凝土。在所有元素中，碳元素在构成不同结构的能力方面似乎是独一无二的，这使碳纤维具有极高的强度，高阻燃，耐高温，具有非常高的拉伸模量，与金属接触电阻低和良好的电磁屏蔽效应。

CFRC塑山石是将碳纤维搅拌在水泥中，制成的碳纤维增强混凝土，并用于造景工程，CFRC人工岩与GRC人工岩相比，其抗盐侵蚀、抗水性、抗光照能力等方面均明显优于GRC，并具有抗高温、抗冻融干湿变化等优点，因此其长期强度保持力高，是耐久性优异的水泥基材料。CFRC人工岩常用于庭院自然环境的护岸、护坡，由于其具有的电磁屏蔽功能和可塑性，更适合用于庭院假山造景、彩色路石、浮雕等各种装饰造型的制作（图2-60）。

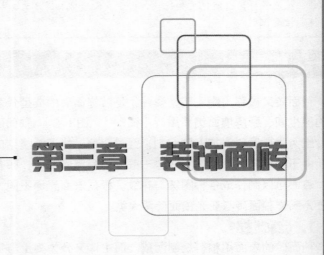

第三章 装饰面砖

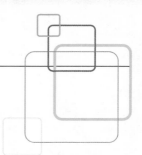

第三章　装饰面砖

装饰面砖是家装中不可缺少的材料，厨房、卫生间、阳台甚至客厅、走道等空间都会大面积采用这种材料，其生产与应用具有悠久的历史。在装饰技术发展与生活水平提高的今天，装饰面砖的生产更加科学化、现代化，其品种、花色多样，性能也更加优良。由于表面质地相差不大，故而在选购中要特别注意识别。

一、釉面砖

釉面砖又被称为陶瓷砖、瓷片，是装饰面砖的典型代表，是一种传统的卫生间、厨房墙面铺装用砖（图3-1、图3-2）。釉面砖是以黏土或高岭土为主要原料，加入助溶剂，经过研磨、烘干、烧结成型的陶瓷制品。由于釉料与生产工艺不同，一般分为彩色釉面砖、印花釉面砖等多种，表面可以制作成各种图案与花纹。根据表面光泽不同，釉面砖又可以分为高光釉面砖与亚光釉面砖两大类。

1. 品种性能

釉面砖的表面用釉料烧制而成，而主体又分为陶土与瓷土两种，陶土烧制出来的背面呈灰红色，瓷土烧制的背面呈灰白色。由陶土烧制而成的釉面砖吸水率较高，质地较轻，强度较低，价格低廉。由瓷土烧制

图3-1　釉面砖（一）

图3-2　釉面砖（二）

图3-3　釉面砖样式

而成的釉面砖吸水率较低，质地较重，强度较高，价格较高。现今主要用于墙地面铺设的是瓷制釉面砖，质地紧密，美观耐用，易于保洁，孔隙率小，膨胀不显著。

　　釉面砖的色彩图案丰富、规格多、清洁方便、选择空间大（图3-3）。但是釉面砖表面是釉料，所以耐磨性不如抛光转、玻化砖。在烧制过程中经常能看到有针孔、裂纹、弯曲、色差等瑕疵，釉面甚至有水波纹斑点等瑕疵。目前，我国的釉面砖产量很大，由于很多生产原料都开采于地壳深处，多少都会沾染一些岩石层中的放射性物质，具有一定的放射性。因此，不符合出厂标准的劣质釉面砖危害性极大，甚至不亚于天然石材。

　　在现代家居装修中，釉面砖主要用于厨房、卫生间、阳台等室内外墙面铺装（图3-4），其中瓷质釉面砖可以用以于地面铺装。墙面砖规格一般为250mm×330mm×6mm、300mm×450mm×6mm、300mm×600mm×8mm等。高档墙面砖还配有相当规格的腰线砖、踢脚线砖、顶脚线砖等，均施有彩釉装饰，且价格高昂，其中腰线砖的价格是普通砖的5～8倍。地面砖规格一般为300mm×300mm×6mm、330mm×330mm×6mm、600mm×600mm×8mm等，中档瓷质釉面

图3-4　釉面砖铺装卫生间

图3-5　观察表面色差

砖的价格为40～60元／m²。

　　施工时，釉面砖必须预先在水中浸泡3h以上，取出待干后才能用于铺装，直接铺装会吸收水泥砂浆中的大量水分，降低铺装的连接强度，但是浸水后的釉面砖必须在完全干燥之前用于铺装，否则需重新浸泡，多次浸泡而未用于铺装的釉面砖会滋生霉菌，砖体会被氧化，自身强度会降低，只能废弃。

2. 识别方法

　　釉面砖的产品种类很多，价格参差不齐，在选购时要特别注意识别技巧。

　　1）观察外观

　　从包装箱内拿出多块砖，平整地放在地上，看砖体是否平整一致，对角处是否嵌接整齐，没有尺寸误差与色差的就是上品（图3-5）。此外，优质产品图案纹理细腻，不同砖体表面没有明显的缺色、断线、错位等。看背面颜色，全瓷釉面砖的背面应呈现出乳白色（图3-6），而陶质釉面砖的背面应该是土红色的。

　　2）用尺测量

　　在铺装时应采取无缝铺装工艺，这对瓷砖的尺寸要求很高，最好使用卷尺检测不同砖块的边长是否一致（图3-7）。

　　3）提角敲击

　　用手指垂直提起陶瓷砖的边角，让瓷砖自然垂下，用另一手指关节部位轻敲瓷砖中下部，声音清亮响脆的是上品，而声音沉闷混浊的是下品（图3-8）。

图3-6 观察背面

图3-7 测量尺寸

4）背部湿水

将瓷砖背部朝上，滴入少许淡茶水，如果水渍扩散面积较小则为上品，反之则为次品（图3-9）。因为优质陶瓷砖密度较高，吸水率低，强度好，而低劣的陶瓷砖密度很低，吸水率高，强度差，且铺装完成后，黑灰色的水泥色彩会透过砖体显露在表面。

3. 保养方法

在日常使用中，釉面砖要注意清洁保养。对于釉面砖而言，砖面的釉层是非常致密的物质，有色液体或污垢一般不会渗透到砖体中，使用抹布沾水或加清洁剂擦拭砖面即能清除掉砖面的污垢。

如果是凹凸感很强的釉面砖，凹凸缝隙里容易挤压很多灰尘，可以使用尼龙刷子刷净。针对茶水、冰淇淋、咖啡、啤酒等长期残留的污渍则可以使用瓷砖专用清洁剂清洗。釉面砖上沉淀的铁锈污染应使用除锈剂。油漆、绘图笔等污染可以使用牙膏反复摩擦，去污效果不错。

图3-8 敲击边角

图3-9 吸水密度

如果在装修中选用高档釉面砖，应当间隔6~10个月在表面打上液体免抛蜡、液体抛光蜡或者进行晶面处理。平时也可以采用静电吸引剂配合牵尘器使用进行保养。

二、通体砖

通体砖又被称为无釉砖，是表面不施釉的陶瓷砖，因此正反两面材质与色泽一致，只不过正面有压印的花色纹理，目前多数防滑陶瓷砖都属于通体砖。现代通体砖的品种很多，部分产品还超出了陶瓷砖的用料范围，采用岩石碎屑经过高压压制而成，表面抛光后的坚硬度可与石材相比，吸水率更低，耐磨性更好。通体砖的品种繁多，随着生产技术的发展，市场上会不断涌现新产品，目前，使用频率高且技术较为成熟的产品主要有以下几种。

1. 渗花砖

1）基本性能

渗花砖是通体砖的一种（图3-10、图3-11）。渗花砖表面颜料的着色方式与常规釉面砖不同，一般釉面砖用的陶瓷颜料多为固体颗粒，它附着在制品表面，而渗花砖用的颜料是能制成可溶性的氯化物或硝酸盐，将这些可溶性的着色盐类加入添加剂调成具有一定稠度的印花剂，通过丝网印刷的方法将它印刷到砖坯上。这些可溶性的着色印花剂随着水分一起渗透到砖坯内部，烧成后即成渗花砖。由于着色物质能渗透到砖坯内部达2mm厚，所以虽经抛光仍不会丢失图案。由于渗花砖所用

图3-10　渗花砖（一）

图3-11　渗花砖（二）

的颜料需要随着制品一起经1200℃高温烧成，并且这类颜料能形成可溶性盐类，因此可选用的颜料品种不多，故渗花砖的装饰颜色不算丰富，但是颜色却经久不褪色（图3-12）。

渗花砖的基础材料还是黏土或瓷土，用于墙面铺装多选用陶质砖，用于地面铺装多选用瓷质砖。渗花砖的色彩、花纹不太丰富，但是目前市场销售的产品样式都差不多。渗花砖的光泽度不高，一般呈磨砂状或亚光状，使用时间较长，污迹、灰尘会渗透到砖体中去，造成很脏、很旧的效果，因此，现代家居装修一般不建议采用渗花砖铺装在厨房、卫

图3-12 渗花砖样式

图3-13　渗花砖展示　　　　　图3-14　渗花砖地面铺装

生间等潮湿空间，只是局部用于光线较暗的门厅、走道、楼梯间。对于面积较大的庭院、露台也可以选用渗花砖，因为价格低廉。

由于渗花砖不耐脏，使用各种清洗剂都无济于事，因此，现在很多渗花砖产品表面被加工成波纹状、凸凹状等纹理，且色彩以灰色系列为主，也具有一定的使用价值（图3-13、图3-14）。现代渗花砖多用于地面铺装，属于瓷质品，规格一般为300mm×300mm×6mm、500mm×500mm×6mm、600mm×600mm×8mm等，中档瓷质渗花砖的价格为40～60元／m²。

施工时，铺装渗花砖后应尽快采用白水泥或勾缝剂填补缝隙，待干燥后，可采用白水泥掺和锯末铺撒在渗花砖表面，用于保持表面干燥，防止后续施工破坏砖体表面，也可以在砖体表面铺上一层包装箱纸板用于防止划伤。

2）识别方法

渗花砖质量的鉴别主要看砖的平整尺寸、颜色差异、防污能力、致密程度等方面。

首先，将4块砖平整摆放在地面上，观察边角是否能完全对齐，平整摆放后注意观察是否有起翘、波动感。如观察不准，可以用卷尺仔细测量各砖块的边长与厚度，看是否一致，优质产品的边长尺寸误差应＜1mm。

然后，观察4块砖表面不能色差、砂眼、缺棱少角等缺陷，同时观察侧壁与背面，看质地是否均匀一致，同等重量的渗花砖从侧面看，砖体比较薄的质量为好。

图3-15 记号笔涂画

图3-16 砂纸打磨

接着，可以用油性记号笔测试砖材的防污能力，如果轻轻擦拭就能去除笔迹，则说明质量不错，反之则差（图3-15）。

最后，可以提起一块砖，用手指关节敲击砖体的中下部位，声音清脆的即为优质产品。也可以用0号砂纸打磨砖体表面，以不掉粉尘为优质产品（图3-16）。

2. 抛光砖

1）基本性能

抛光砖是通体砖坯体的表面经过打磨而成的一种光亮的通体砖。采用黏土与石材粉末经压制，然后烧制而成，正面与反面色泽一致，不上釉料。相对传统渗花通体砖而言，抛光砖的表面要光洁得多（图3-17、图3-18）。

抛光砖坚硬耐磨，无放射元素，用于室内地面铺装，可以取代传统天然石材，因为石材未经过高温烧结，故含有个别微量放射性元素，长期接触会对人体有害。抛光砖在生产过程中，基本可控制无色差，同批

图3-17 抛光砖

图3-18 抛光砖踢脚线

产品花色一致。抛光砖抗弯曲强度大，在生产过程中由数千吨液压机压制，再经1200℃以上高温烧结，强度高、砖体薄、重量轻，具有防滑功能。但是抛光砖在生产时留下的凹凸气孔，这些气孔会藏污纳垢，造成了表面很容易渗入污染物，甚至将茶水倒在抛光砖上都会渗透至砖体中。优质抛光砖在出厂时都加了一层被称为"超洁亮"的防污层。

　　抛光砖一般用于相对高档的家居空间，商品名称很多，如铂金石、银玉石、钻影石、丽晶石、彩虹石等，选购时不能被繁杂的商品名称迷惑，还要辨清产品属性（图3-19～图3-21）。抛光砖与渗花砖的区别主要在于表面的平整度，抛光砖虽然也有亚光产品，但是大多数产品都为

图3-19　抛光砖样式

图3-20　抛光砖展示（一）

图3-21　抛光砖展示（二）

图3-22　抛光砖地面铺装（一）　　　　图3-23　抛光砖地面铺装（二）

高光，比较光亮、平整，一般都有超洁亮防污层。渗花砖多为亚光或具有凸凹纹理的产品，表面只是平整而无明显反光，经过仔细观察，表面存在细微的气孔（图3-22、图3-23）。

抛光砖的规格通常为300mm×300mm×6mm、600mm×600mm×8mm、800mm×800mm×10mm等，中档产品的价格为60～100元／m²。抛光砖的选购方法与渗花砖一致。

施工时，高密度抛光砖铺装之前是无需浸水的，可以直接用于铺装，但是为了保险，还是应该取1～2片砖放在水中浸泡测试，如果没有明显气泡则说明质量不错，可以直接铺装。铺装后的养护方法与渗花砖一致。

2）保养方法

抛光砖在施工与日常使用中要注意清洁保养，抛光砖在铺好后和未使用前，为了避免其他项目施工时损伤其砖面，应用编织袋等不易脱色的物品进行保护，把砖面遮盖好。日常清洁地面时，尽量采用干拖，少用湿拖，局部较脏或有污迹，可用家用清洁剂，如洗洁精、洗衣粉等或用东鹏除污剂进行清洗，并根据使用情况定期或不定期地涂上地砖蜡，待其干后再抹亮，可保持砖面光亮如新。如果经济条件较好，请采用晶面处理，从而达到商业酒店的效果。

抛光砖正常使用5年左右应当根据实际情况进行翻新。抛光砖翻新方法与石材基本相同，但需要采用石材打磨机配合。首先，采用不同型号的水磨片进行多次打磨。然后，进行抛光。接着，使用防污剂进行

★**装修顾问**★

抛光砖防污剂

抛光砖在使用中要经过严格保养，选用防污剂保持抛光砖的光泽度，但各种防污剂的产品质量不尽相同，而且防污能力相差悬殊。防污剂按溶剂不同可分为油性防污剂与水性防污剂；按外观可分为液体防污剂和固体防污剂。目前，随着打蜡机的广泛应用，使用最多的是液体防污剂，且多以油性为主。

防污剂的功能主要体现在两个方面，其一是在抛光砖铺装施工过程中，能防止水泥浆、橡胶印进入砖的毛细孔内，因为一旦进入就很难清洗掉。其二是在日常生活中防墨水、茶汁、鞋印等污渍。目前市场上不少防污剂可防墨水，但是并不防水泥痕、鞋印和橡胶印，而鞋印是在施工过程中必须克服的一个问题。在铺装抛光砖过程中，工人经常用橡胶锤敲打砖面，以调节砖的平行度，但在砖面上会留下黑色的敲打痕迹，相当于在砖面上产生的胶鞋印，因此，防污剂的防鞋印性能显得相当重要。

选购防污剂产品主要关注防污效果，这是防污剂最重要、最根本的指标。在使用过程中干得太快则无法操作，干得太慢会影响防污质量。优质的防污剂不但能提高产品的防污性，还能有效提高产品的光泽度。选购防污剂应选用无毒害产品，目前，市场上很多防污剂都使用了对人体有害的化工原料（如甲苯、三氯甲烷等），它们有强烈的刺激性气味，会对装修业主的身体造成不利影响。

防污处理，一般采用中性清洁剂清除一般污渍，不能用任何强酸性清洁剂，如洁厕净的清洁效果的确很好，但同时也会破坏抛光砖的晶体层表面、使毛孔加大，更容易污染。最后，可以根据实际情况作晶面处理。晶面处理时必须采用中性抛光砖专用晶面剂处理，如果采用酸性的大理石晶面浆、晶面泥、晶面剂等，则会导致抛光砖表面不清晰，虽说有一定的光度，但相当模糊，呈现一种物体表面被抹油一样的朦胧的感觉，只有采用中性抛光砖专用晶面剂后才会出现原来抛光砖出厂时的高光、镜面、清晰的效果。

3. 玻化砖

1）基本性能

玻化砖又被称为全瓷砖，是通体砖表面经过打磨而成的一种光亮瓷砖，属通体砖中的一种。玻化砖采用优质高岭土与强化高温烧制而成，质地为多晶材料，具有很高的强度与硬度，其表面光洁而又无需抛光，因此不存在抛光气孔的污染问题（图3-24、图3-25）。

　　不少玻化砖具有天然石材的质感，而且具有高光度、高硬度、高耐磨、吸水率低、色差少等优点，其色彩、图案、光泽等都可以人为控制（图3-26），产品结合了欧式与中式风格，色彩多姿多样，无论装饰于室内或是室外，均为现代风格，铺装在墙地面上能起到隔声、隔热的作用，而且它比大理石轻便。

　　目前，玻化砖以中大尺寸产品为主，产品最大规格可以达到

图3-24　玻化砖展示（一）

图3-25　玻化砖展示（二）

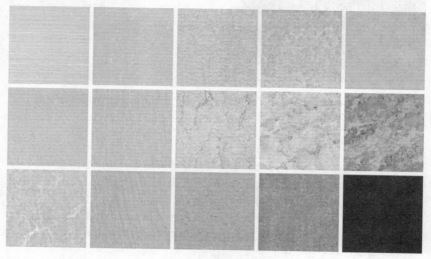

图3-26　玻化砖样式

1200mm×1200mm，主要用于大面积客厅（图3-27、图3-28）。产品有单一色彩效果、花岗石外观效果、大理石外观效果、印花瓷砖效果等，以及采用施釉玻化砖装饰法、粗面或施釉等多种新工艺产品。

玻化砖尺寸规格一般较大，通常为600mm×600mm×8mm、800mm×800mm×10mm、1000mm×1000mm×10mm、1200mm×1200mm×12mm，中档产品的价格为80～150元／m²。

虽然玻化砖有很多优点，尤其是施工前无需浸水，可极大方便施工。但是在施工完毕后，要对砖面进行打蜡处理，3遍打蜡后进行抛光，以后每3个月或半年打蜡1次。否则酱油、墨水、菜汤、茶水等液态污渍会渗入砖面后留在砖体内，形成花砖。同时，砖面的光泽会渐渐失去，最终影响美观。此外，玻化砖表面太过光滑，稍有水滴极易使人滑倒，部分产地的高岭土辐射较高，购买时最好选择知名品牌。

2）识别方法

在选购玻化砖时要注意与常规抛光砖区分开。

图3-27　玻化砖地面铺装　　　　　　图3-28　玻化砖地面铺装

★装修顾问★

超洁亮

超洁亮是在抛光砖、玻化砖表面增加的纳米级保护层，它具有特殊防护功能，且结构稳定，主要用于提升砖材表面的防污性能，同时也增强了砖材表面的光泽度，为抛光砖注入了新活力，其材料粒度小至纳米级，可完全填补砖材表面的气孔与微裂纹，因而能保证抛光砖、玻化砖具有防污性。普通抛光砖的光泽度为50%，而应用超洁亮技术则可达90%以上，接近镜面效果，使装饰空间光洁明亮、清新华丽（图3-29）。

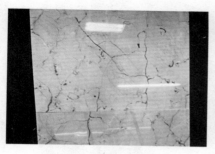

图3-29　超洁亮表面

图3-30　掂量重量

　　首先，听声音。一只手悬空提起瓷砖的边角，另一只手敲击瓷砖中间，如果发出清脆响亮的声音，可以认定为玻化砖；如果发出的声音浑浊、回音较小且短促，则说明瓷砖的胚体原料颗粒大小不均，为普通抛光砖。

　　然后，试手感。相同规格、相同厚度的瓷砖，手感较重的为玻化砖，手感轻的为抛光砖。这一点可以将两者掂量比较（图3-30）。

　　接着，观察背面。优质产品的质地应均匀细致（图3-31），玻化砖吸水率≤0.5%，吸水率越低，玻化程度越好。因此，从表面上来看，玻化砖是完全不吸水的，即使洒水至砖体背面也不应该有任何水迹扩散的现象。

　　最后，选择品牌。市场上的知名品牌产品均能在网上搜索到，其色泽、质地应该与经销商的产品完全一致，这样能有效地识别真伪。

4. 微粉砖

1）基本性能

　　微粉砖是在玻化砖的基础上发展起来的一种全新通体砖，也可以认为是一种更高档的玻化砖（图3-32）。微粉砖所使用的胚体原料颗粒研磨得非常细小，通过计算机随机布料制胚，经过高温高压煅烧，然后经过表面抛光而成，其表面与背面的色泽一致。

　　目前，市场上还出现了超微粉砖，它的基础材料与微粉砖一样，只是表面材料的颗粒单位体积更小，只相当于一般抛光砖原料颗粒的5%左右，这一点从侧面可以看得很明显。

图3-31 观察背面

图3-32 微粉砖

超微粉砖的生产融入了先进的工艺与技术，大大改善了传统抛光砖花色图案单调、呆板、砖体表面光泽度差、耐磨性差、防污抗渗能力低等弊端。超微粉砖的花色图案自然逼真，石材效果强烈，采用超细的原料颗粒，产品光洁耐磨，不易渗污。超微粉砖的显著特点就是每一片砖材的花纹都不同，但整体非常的协调、自然（图3-33）。这也是区分普通通体砖的重要标识，常见的渗花砖、抛光砖、玻化砖的表面纹理呈重复状，即任意两片砖上的纹理一模一样，而微粉砖、超微粉砖产品中加入了石英、金刚砂等矿物骨料，所呈现的纹理为随机状，看不出重复效果。虽然现在市面上也有仿超微粉砖，粗看类似超微粉砖，但是仔细观

图3-33 超微粉砖样式

察就会发现每片的纹理都一样。

此外，现在在超微粉砖的基础上还开发出了聚晶微粉砖，晶微粉地砖是在烧制过程中融入了一些晶体熔块或颗粒，是属于超微粉砖的升级产品。这种产品除了具备超微粉砖的特点外，在产品的外观上其立体效果更加突出，更加接近于天然石材。当然，这只是在产品的装饰效果上有所区别，其产品性能与超微粉砖没有太大的差距。

总之，微粉砖及系列产品由于胚体的颗粒更小更细，其胚体颗粒的排列更紧密，密度也更大一些，其防污性能比渗花砖、抛光砖、玻化砖更加优越。

在现代家居装修中，微粉砖正全面取代玻化砖，成为家居装修地面材料的首选，一般用于面积较大的门厅、走道、客厅、餐厅、厨房等一体化空间（图3-34、图3-35）。微粉砖尺寸规格一般较大，通常为600mm×600mm×8mm、800mm×800mm×10mm、1000mm×1000mm×10mm、1200mm×1200mm×12mm，中档产品的价格为100~200元／m^2。

微粉砖与玻化砖的施工方法基本一致，地面铺装应采用较干的1:2.5水泥砂浆铺底，厚度为30mm左右，再将稍稀的1:1的水泥砂浆或素水泥均匀地涂抹至砖体背面，将砖体整齐铺装在相应位置，用橡皮锤敲击平整。养护方法与渗花砖一致。由于微粉砖与玻化砖体块规格较大，施工时应特别注意，应轻拿轻放，在铺装之后至完全干燥之前，不能受到外力撞击，如果在完全干燥之前出现破裂，就需要采用电锤将该

图3-34　微粉砖地面铺装（一）

图3-35　微粉砖地面铺装（二）

图3-36　表面洒水

图3-37　钥匙磨划

片砖全部破碎后拆除，重新铺装新的砖材。

2）识别方法

选购微粉砖时要注意与其他通体砖产品区分。微粉砖的显著特征是表面纹理不重复，正反色彩一致，完全不吸水，泼洒各种液体至表面、背面均不会出现任何细微的吸入状态（图3-36）。可以采用尖锐的钥匙或金属器具在其表面进行磨划，不会产生任何划痕（图3-37）。优质产品的色彩更加亮丽、明快，中低档产品稍显黯淡。由于这类产品普遍价格较高，可以上网对照厂商提供的各地经销商的地址上门购买。

三、其他面砖

在家居装修中，除了在主要空间的墙、地面铺装上述砖材外，在一些特殊功能空间，或要求营造出特殊设计风格的空间，还可以铺装更具特色的装饰面砖。

1. 劈离砖

劈离砖又被称为劈开砖或劈裂砖，它以长石、石英、高岭土等陶瓷原料经干法或湿法粉碎混合后制成具有较好可塑性的湿坯料，经机械挤压成双面扁薄，且中间有筋条相连的中空砖坯，再经切割、干燥，然后在1100℃以上高温下烧成，最后将其沿着筋条最薄弱的连接部位劈开分成两片，故称之为劈离砖（图3-38）。

劈离砖的强度高，吸水率≤6%，表面硬度大，防潮防滑，耐磨耐压，耐腐抗冻，急冷急热性能稳定。劈离砖坯体密实，背面凹纹与粘结砂浆形成完美结合，能保证铺装时粘结牢固。

劈离砖种类很多，色彩丰富，颜色自然柔和，表面质感变幻多样，或细质轻秀，或粗质浑厚。表面上釉的产品光泽晶莹，富丽堂皇；表面无釉的产品质朴典雅大方，无反射眩光。按表面的粗糙程度分为光面砖与毛面砖两种，前者坯料中的颗粒较细，产品表面较为光滑和细腻（图3-39），而后者坯料颗粒较粗，产品表面有突出的颗粒与凹坑（图3-40、图3-41）。按用途分可分为墙面砖与地面砖两种。按表面形

图3-38　光面劈离砖（一）

图3-39　光面劈离砖（二）

图3-40　毛面劈离砖（一）

图3-41　毛面劈离砖（二）

图3-42　劈离砖铺装（一）　　　　　　　图3-43　劈离砖铺装（二）

状来分可分为平面砖与异型砖两种。

　　大多数劈离砖表面为土红色或黏土砖的色彩，在家居装修中，主要用于阳台、庭院等户外空间的墙面、构造铺装，也可以根据设计风格局部铺装在各种立柱、墙面上，用于仿制黏土砖的砌筑效果，给人怀旧感（图3-42、图3-43）。室外铺装多用水泥砂浆，而在室内施工，如果不是厨房、卫生间等潮湿空间，则可以采用专用瓷砖胶粘贴。

　　劈离砖的主要规格为240mm×52mm、240mm×115mm、194mm×94mm、190mm×190mm、240mm×115mm等，厚8～13mm不等，价格为30～40元／m²。如果铺装用量较大，劈离砖的规格与样式也可以与生产厂家协议订购。

　　选购劈离砖主要应注意产品的平整度与尺寸的精度。多数劈离砖产品表面并不十分平整，那是因为要仿制出黏土砖的砌筑效果，但是也不能完全变形。观察多块劈离砖表面，其起伏形态应该一致，此外，边角应当完整而无残缺。

　　在施工中，劈离砖铺装前要作精确放线定位，两块砖之间的间距一般为5～8mm，在转角部位应当对砖材的碰角边缘作切割、打磨，使其成为45°，铺装后才能形成严密的缝隙。

2. 彩胎砖

　　彩胎砖又被称为耐磨砖，是一种本色无釉的瓷质墙、地饰面砖，是一种全新的品种。彩胎砖采用彩色颗粒土原料混合配料，压制成多彩坯体后，经一次烧结成形。彩胎砖表面呈多彩细花纹表面，富有天然花岗

图3-44 彩胎砖（一）

图3-45 彩胎砖（二）

图3-46 彩胎砖样式

图3-47 彩胎砖墙面铺装（一）

图3-48 彩胎砖墙面铺装（二）

石的纹理特征，有红、绿、蓝、黄、灰、棕等多种基色，多为浅灰色调，纹点细腻，色调柔和莹润，质朴高雅（图3-44～图3-46）。彩胎砖表面有平面与浮雕型两种，又可分为无光型、磨光型、抛光型，吸水率<1%，其耐磨性很好。

在家居装修中，彩胎砖由于比较耐磨，主要用于门厅、走道、厨房、阳台、庭院等公共空间的墙、地面铺装（图3-47、图3-48），也可以与玻化砖等光亮的砖材组成几何拼花。彩胎砖的最小规格为100mm×100mm，最大规格为600mm×600mm，厚度为5～10mm不等。价格为40～50元／m²。

彩胎砖的市场占有率不高，质量比较均衡，选购时注意外观的完整性即可。由于彩胎砖表面无釉，在使用中要防止酸、碱含量高的溶剂对它造成腐蚀。

施工时，由于彩胎砖花色品种并不艳丽，务必作精确放线定位，否则铺装后会显得十分零乱，必要时可以在其中穿插铺装不同颜色的彩胎砖，提升视觉审美效果。

3. 麻面砖

麻面砖又被称为广场砖，属于通体砖的一种，是采用仿天然岩石色彩的配料，压制成表面凹凸不平的麻面坯体后，经一次烧结而成的炻质面砖。麻面砖的表面酷似经人工修凿过的天然岩石面，纹理自然，粗犷稚朴。麻面砖主要颜色有白、白带黑点、粉红、果绿、斑点绿、黄、斑点黄、灰、浅斑点灰、深斑点灰、浅蓝、深蓝、紫砂红、紫砂棕、紫砂黑、红棕等（图3-49）。

麻面砖按用途一般可以分为地面砖、墙面砖两种。其中地面砖较厚，经过严格的选料，采用高温慢烧技术，耐磨性好，抗折强度高。麻面砖吸水率＜1%，具有防滑耐磨特性。墙面砖较薄，表面粗犷、防滑，系列品种丰富，通过不同规格、各种颜色的灵活巧妙设计，可以拼贴出丰富多彩、风格迥异的图案，可满足各种装饰需要。

麻面砖由于特别耐磨、防滑，并具有装饰美观的性能，广泛用于家居装修的阳台、庭院、露台等户外空间的墙、地面铺装（图3-50、图3-51），还适合住宅出入口、停车位、楼梯台阶、花坛等构造的表面

图3-49　麻面砖样式　　　　　　　　图3-50　麻面砖地面铺装

图3-51　麻面砖墙面铺装

图3-52　卷尺测量

图3-53　酱油测试

图3-54　砂纸打磨

铺装。在铺装过程中，可以根据设计要求作彩色拼花设计。

　　方形麻面砖常见边长规格为100mm、150mm、200mm、250mm、300mm等，地面砖厚10～12mm，墙面砖厚5～8mm。其中6mm厚的墙面砖价格为40～50元／m²。

　　麻面砖的产品种类很丰富，在选购中要注意识别质量。首先，进行常规测量、观察，检查砖材的外观质量（图3-52），当然，要特别注意麻面砖的密度。然后，将酱油等有色液体滴落在砖体表面，不能有浸入感（图3-53）。接着，用0号砂纸用力打磨砖体边角，优质产品不应产生粉尘（图3-54）。最后，如果条件允许，将规格为100mm×100mm×10mm的地面砖用力往地面上摔击，不应产生破碎或破角。

　　施工时要将铺设表面处理平整，作精确放线定位，避免铺装错位，砖块之间一般保留5～10mm间隙，采用高标号水泥或专用填补剂修整。将水泥或填补剂整体涂抹至麻面砖表面后，在未完全干燥前及时用抹布擦除砖体表面水泥或填补剂，即可形成平整的勾缝效果。

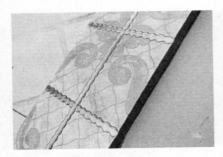

图3-55　仿古砖（一）

图3-56　仿古砖（二）

4. 仿古砖

仿古砖是从彩色釉面砖演化而来的产品，实质上还是上釉的瓷质砖，因此，仿古砖属于普通釉面砖（图3-55、图3-56）。唯一不同的是，在烧制过程中仿古砖技术含量要求相对较高，经数千吨液压机压制后，再经千度高温烧结，使其强度增高，具有极强的耐磨性。目前，多

★装修顾问★

仿古砖的文化

仿古砖是从彩釉砖演化而来，实质上是一种上釉的瓷质砖。目前，仿古砖的使用功能与文化内涵已扩展至更大的装饰领域，是一种富含文化元素的产品。

（1）古典情调。仿古砖上的图案与色彩最具有影响力，瓷砖上的图案也成为文明的标志与象征，这样的仿古砖装饰在墙上，可以疏理观赏者的想象力，让人感受到古典符号的魅力。

（2）怀旧情绪。仿古砖适应人们视角观赏的需要，其产品多呈现出亚光型特点，使观赏者看起来不觉刺眼，给人的感觉不再光怪陆离，而是反映出一种怀旧情绪。

（3）特殊个性。仿古砖是文化回归热的使然，以其光泽柔和、色彩丰富、质感细腻、风格古朴的装饰效果，使得市场占有率逐步扩大。仿古砖涵盖了仿石、仿岩、仿木、仿布、仿皮、仿金属等各种纹理的特征，从而备受较具个性装修业主的青睐。

（4）巧妙搭配。仿古砖既保留了陶质的质朴与厚重，又不乏瓷的细腻与润泽，它还突破了瓷砖脚感不如木地板的传统，可以与各种铺装材料相互搭配。

数仿古砖产品以亚光产品为主，全抛釉砖则在亚光釉上印花或在底釉上印花后再上一层亚光釉，最后上一层透明釉，烧成后再抛光。

仿古砖与普通的釉面砖相比，其差别主要表现在釉料的色彩上面。仿古砖的最终色调以黄色、咖啡色、暗红色、土色、灰色、灰黑色等为主，图案以仿木、仿石材、仿皮革为主，也有仿植物花草、仿几何图案、仿织物、仿墙纸、仿金属等。仿古砖的设计图案、色彩是所有装饰面砖中最为丰富多彩的产品。仿古砖多采用自然色彩，尤其是采用单一或复合的自然色彩。自然色彩多取自于土地、大海、天空等颜色，如砂土的棕色、棕褐色、褐红色；树叶的绿色、黄色、橘黄色；水与天空的蓝色、绿色等，这些色彩常被用在仿古砖的釉面装饰上（图3-57）。

在现代家居装修中，仿古砖的应用非常广泛，可以用于面积较大的门厅、走道、客厅、餐厅等空间的地面铺装，还可以在具有特殊设计风格的厨房、卫生间的墙地面铺装。如果同时用于墙、地面的铺装，一般应选用成套系列的产品较好，这样视觉效果更统一，装修品质也很高（图3-58、图3-59）。

仿古砖的规格与常规釉面砖、抛光砖一致，用于墙面铺装的仿

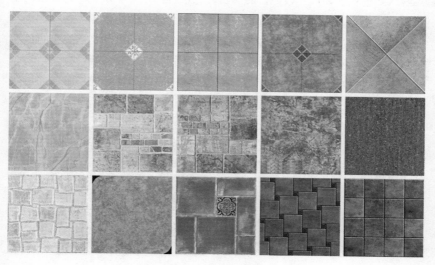

图3-57　仿古砖样式

图3-58　仿古砖展示（一）

图3-59　仿古砖展示（二）

古砖规格为250mm×330mm×6mm、300mm×450mm×6mm、300mm×600mm×8mm等，用于地面铺装的仿古砖规格为300mm×300mm×6mm、600mm×600mm×8mm，此外，不少品牌的产品还设计出特殊规格用于拼花铺装，具体规格根据厂家的设计而定制。中档仿古砖价格为80～120元／m²，带有特殊规格拼花砖的产品价格要上浮20%～50%。

目前，市场上抛光砖的花色品种也十分丰富，很多装修业主在仿古砖与抛光砖之间很难选择。仿古砖与抛光砖相比，各具特色。抛光砖的品种、花色较多，尺寸较大，而仿古砖只在釉面上有丰富变化，在质地上与釉面砖相比，并没有实质改变。如果追求光亮的装饰效果与坚硬的铺装质地，可以选用抛光砖，而追求丰富的图案、纹理、色彩、质感，可以选用仿古砖。仿古砖没有抛光砖坚硬，因此用于地面铺装的砖材不宜过大，一般以600mm×600mm为极限。大多数仿古砖的质地与优质釉面砖一致（图3-60、图3-61）。因此，可以参考上述釉面砖的识别方法进行选购。

图3-60　仿古砖卫生间铺装

图3-61　仿古砖地面铺装

仿古砖在施工时，不要刻意区分砖的颜色，一般一箱砖里会有几种不同色泽与凹凸面效果的产品，这属于仿古砖的工艺特点，通过不同的色泽与凹凸纹理搭配，使铺装效果充满自然气息，并赋予时尚个性。在铺装时，应特别注意及时清除、擦净施工时粘附在砖体表面的水泥砂浆、锯木屑、胶水、油漆等，以确保砖面清洁美观。铺装完工后，应及时将残留在砖面的水泥污渍抹去，已铺装完的地面需要养护4～5d，养护后期可以将锯末铺撒在铺装表面，用于保护砖体表面，还要注意防止因过早使用而影响装饰效果。

5. 锦砖

锦砖又被称为锦砖、纸皮砖，是指在装修中使用的拼成各种装饰图案的片状小砖。传统锦砖一般是指陶瓷锦砖，于20世纪70～80年代在我国流行一时，后来随着釉面砖的发展，陶瓷锦砖产品种类有限，逐步推出市场。如今随着家装设计风格的多样化，锦砖又重现历史舞台，其品种、样式、规格更加丰富（图3-62、图3-63）。

锦砖以吸水率小，抗冻性能强为特色，现在逐渐成为家居装修的重要材料，特别是晶莹、细腻的质感，能提高装修界面的耐污染能力，并体现材料的高贵感。锦砖砖体薄，自重轻，紧密的缝隙能保证每块材料都牢牢地粘结在砂浆中，因而不易脱落。即使少数砖块掉落下来，也方便修补，不会构成危险性，具有安全感。

现代锦砖主要有石材锦砖、陶瓷锦砖、玻璃锦砖等3种。

1）石材锦砖

石材锦砖是指采用天然花岗石、大理石加工而成的锦砖，在一片石材

图3-62 锦砖展示（一）

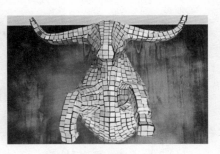

图3-63 锦砖展示（二）

图3-64　琉璃制品

图3-65　琉璃瓦屋檐

★装修顾问★

琉璃制品

琉璃制品是用难熔黏土成型后，经配料、干燥、素烧、施釉、釉烧而成。琉璃制品表面形成釉层，既能提高表面强度，又能提高其防水性能，同时也增加了装饰效果。

在我国传统住宅装饰中，所用的各种琉璃制品种类繁多，名称之复杂，有数百种之多。琉璃瓦是其中用量最多的一种，常用的有几十种，约占琉璃制品总产量的70%左右，瓦件的品种更是五花八门，难以准确分类。琉璃瓦类制品，按其形状可以分为板瓦、筒瓦、滴水、底瓦、勾头等品种。琉璃脊类制品有正脊筒瓦、垂脊筒瓦、岔脊筒瓦、围脊筒瓦等品种。琉璃装饰件制品有正吻、垂兽、合角兽、仙人、走兽等品种。

在现代家居装修中，琉璃制品主要用于具有中式古典风格的庭院装修，如庭院围墙、屋檐、花台等构件的外部铺装。除仿古建筑常用琉璃瓦、琉璃砖、琉璃兽等外，还常用一些琉璃花窗、琉璃花格、琉璃栏杆等各种装饰制件。另外，还有陈设于室内外的装饰工艺品，如琉璃桌凳、花盆、鱼缸、花瓶、绣墩等。琉璃制品形态各异，价格根据具体形态、规格来定，但是整体价格低廉（图3-64、图3-65）。

锦砖中，往往会搭配多种不同色彩、质地的天然石片，使锦砖的铺装效果特别丰富（图3-66、图3-67）。用于生产石材锦砖的原料各异，对原料的体量无特殊要求，一般利用天然石材的多余角料进行生产，节能环保。

石材锦砖上的组合体块较小，表面一般被加工成高光、亚光、粗磨等多种质地，多种色彩相互搭配，装饰效果特别出众。石材锦砖的各项性能与天然石材相当，具有强度高、耐磨损、不褪色等多种优势。为了进一步

图3-66　石材锦砖（一）

图3-67　石材锦砖（二）

凸显石材锦砖的魅力，目前，还有很多产品在其中加入了部分陶瓷锦砖、玻璃锦砖，以提升石材锦砖的光亮度，丰富了石材锦砖的层次（图3-68）。

天然石材锦砖的质地比较浑厚，即使打磨光滑仍不及陶瓷釉面与玻璃的质地出众。此外，非抛光石材锦砖的孔隙较大，容易受到污染。因此，石材锦砖一般用于客厅、餐厅等干空间的墙、地面铺装，或用于厨房、卫生间的局部铺装，一般仅用于点缀装饰，不适合大面积铺装。

石材锦砖的规格多样，不同厂商开发的产品各异，一般单片锦砖的通用规格为边长300mm，其中小块石材规格不定，边长为10~50mm不等，小块石材的厚度为5~10mm，小块石材之间的间距或疏或密，一般≤3mm。价格为30~40元／片。

2）陶瓷锦砖

陶瓷锦砖又被称为陶瓷什锦砖、纸皮瓷砖、陶瓷锦砖，它是以优质

图3-68　石材锦砖样式

瓷土为原料，按技术要求对瓷土颗粒进行级配，以半干法成型。为了制成各种颜色的陶瓷锦砖，在生产过程中，往泥料中加入着色剂，最终经过1250℃高温烧制成（图3-69、图3-70）。

陶瓷锦砖可制成多种色彩与斑点，按其表面质地可以分为有无釉与施釉两种陶瓷锦砖。陶瓷锦砖具有多种色彩，其间可以镶嵌各种不同形状的小块砖，镶拼成各种花色图案，小块砖可以烧制成方形、长方形、六角形等多种形态。陶瓷锦砖是一种良好的墙地面装饰材料，它不仅具有质地坚实、色泽美观、图案多样的优点，还具有抗腐蚀、防滑、耐火、耐磨、耐冲击、耐污染、自重较轻、吸水率小、永不褪色、价格低廉等优质性能（图3-71）。

陶瓷锦砖由于其砖块较小、抗压强度高，不易被踩碎，故而主要用于地面铺装。家居装修中可用于门厅、走道、卫生间、厨房、餐厅、阳台等各种空间的墙、地面及构造表面铺装（图3-72、图3-73）。

图3-69　陶瓷锦砖（一）

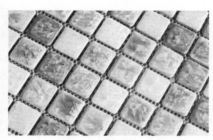
图3-70　陶瓷锦砖（二）

图3-71　陶瓷锦砖样式

图3-72 陶瓷锦砖卫生间铺装（一）

图3-73 陶瓷锦砖卫生间铺装（二）

　　陶瓷锦砖的规格多样，不同厂商开发的产品各异，一般单片锦砖的通用规格为边长300mm，其中小块陶瓷规格不定，边长为10～50mm不等，小块石材的厚度为4～6mm，小块陶瓷之间的间距比较均衡，一般为2mm左右。价格为10～25元／片。

　　3）玻璃锦砖

　　玻璃锦砖又被称为玻璃锦砖、玻璃纸皮砖，它是一种小规格彩色饰面玻璃，是具有多种颜色的小块玻璃镶嵌材料（图3-74、图3-75）。

　　玻璃锦砖的烧结工艺有熔融法与烧结法。熔融法是以石英砂、石灰石、长石、纯碱、着色剂、乳化剂等为主要原料，经过高温熔化后压延成型。烧结法是以废玻璃、胶粘剂等材料，经过压块、干燥、烧结、冷却等复杂工艺制成。

　　玻璃锦砖的外观有无色透明、着色透明、半透明等多种产品，最具特色的是带金属色斑点、花纹或条纹的产品，能增强装修空间的档次感。玻璃锦砖正面光泽、滑润、细腻，背面带有较粗糙的槽纹，以便用

图3-74 玻璃锦砖

图3-75 玻璃锦砖展示

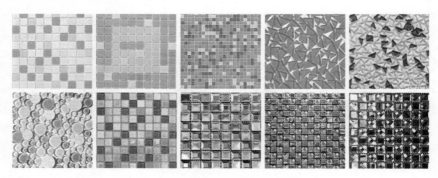

图3-76　玻璃锦砖样式

于粘贴铺装。玻璃锦砖的特性是色泽绚丽多彩、典雅美观、质地坚硬、性能稳定，具有耐热、耐寒、耐候、耐酸碱等性能，价格较低，施工方便。玻璃锦砖产品主要包括水晶玻璃锦砖、金星玻璃锦砖、珍珠光玻璃锦砖、云彩玻璃锦砖、金属锦砖等系列（图3-76）。

　　玻璃锦砖表面光洁晶莹，特别适合厨房、卫生间、门厅墙面局部铺装，与其他釉面砖、抛光砖形成质感对比，能营造出高档、华丽的家居氛围，尤其在比较昏暗的灯光下，更具装饰特色（图3-77、图3-78）。

　　玻璃锦砖的规格多样，不同厂商开发的产品各异，一般单片锦砖的通用规格为边长300mm，其中小块玻璃规格不定，边长为10～50mm不等，小块玻璃的厚度为3～5mm，小块玻璃之间的间距比较均衡，一般为3mm左右。价格为25～40元／片。

　　4）选购方法

　　不同品种的锦砖质量有差异，但是选购方法基本相同。玻璃锦砖质

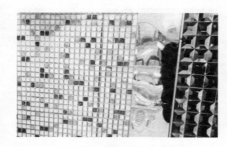

图3-77　玻璃锦砖餐厅铺装

图3-78　玻璃锦砖卫生间铺装

量的关键在于砖体与背网粘结是否牢固，施工后是否能轻松剥离，这些都是保证施工质量的关键。

首先，观察外观，将2～3片锦砖平放在采光充足的地面上，目测距离为1m左右，优质产品应无任何斑点、粘疤、起泡、坯粉、麻面、波纹、缺釉、棕眼、落脏、熔洞等缺陷。但是天然石材锦砖允许存在一定的细微孔洞，瑕疵率应≤5%。

然后，用卷尺测量（图3-79），用卷尺仔细测量锦砖的边长，标准产品的边长为300mm，各边误差应≤2mm，特殊造型锦砖除外。

接着，检查粘贴的牢固度，锦砖上的各种小块材料都粘贴在玻璃纤维网或牛皮纸上，可以用双手拿捏在锦砖一边的两角上，使整片锦砖直立，然后自然放平，反复5次，以不掉砖为优质产品。或者将整片锦砖卷曲，然后伸平，反复5次，或反复褶皱小砖块，以不掉砖为优质产品（图3-80）。

最后，检查脱离质量，锦砖铺装后要将玻璃纤维网或牛皮纸顺利剥揭下来，才能保证铺装的完整性。如果条件允许，可以将锦砖放置水中浸泡30min后，用手剥揭，优质锦砖中的小块材料能够顺利脱离玻璃纤维网或牛皮纸。

5）施工材料选用

铺装前应作精确放线定位，用于厨房、卫生间等空间大面积铺装时可采用传统的素水泥或胶粘剂，用于背景墙等无水空间铺装可以选用强力万能胶，能大幅度提高施工效率。

图3-79 卷尺测量

图3-80 检查脱离质量

图3-81　陶瓷壁画（一）　　　　　　　　图3-82　陶瓷壁画（二）

★装修顾问★

陶瓷壁画

陶瓷壁画是以陶瓷面砖、陶板等装饰块材，经镶拼后制作出具有较高艺术价值的高档装饰材料。陶瓷壁画一般用作室内装饰，也被称之为室内壁画（图3-81、图3-82）。

陶瓷壁画多采用夸张变形、简练概括的装饰手法，艺术感染力较强。陶瓷壁画主要分釉上彩与釉下彩两大类。釉上彩是以陶瓷新彩颜料为主的绘制手法，经800℃高温烧烤而成，其色彩丰富，表现形式多样，是陶瓷壁画的主流。釉下彩壁画也有两类，一类是低温轴（1100℃左右）的陶板壁画，如典型的唐三彩壁画，另一类是高温釉壁画（1300℃以上），一般为色釉壁画与青花壁画，材质为瓷质，坚硬。

陶瓷壁画适应性强，耐潮湿、耐温差，色彩长期不变，装饰面积可大可小，随意安排。陶瓷壁画无固定尺寸，根据需求进行定制，价格为2000～5000元／m²，也有一些厂商开发出成品陶瓷壁画，适用于小面积墙面铺装，价格为500～1000元／m²。陶瓷壁画砖一般不宜用于室外，否则釉层就会产生裂纹甚至脱落。

四、玻璃砖

玻璃砖是用透明或彩色玻璃制成的块状、空心玻璃制品或块状表面施釉的玻璃制品。玻璃砖在装修市场上占有相当的比例，以往一般用于比较高档的公共场所，用于营造琳琅满目的空间氛围，现在逐步进入家居空间。此外，由于玻璃制品的特性，常用于需要采光及防水功能的区域，如门厅、厨房、卫生间、走道等空间的隔墙。玻璃砖的品种主要有空心玻璃砖、实心玻璃砖、玻璃饰面砖等三大类。

1. 空心玻璃砖

空心玻璃砖一直以来是玻璃砖的总称。空心玻璃砖的主要原料是高级玻璃砂、纯碱、石英粉等硅酸盐无机矿物，原料经过高温熔化，并经精加工而成。在生产过程中，将两块凹形的半块玻璃砖坯相互对接，在温度与挤压的作用下使接触面软化，从而将其牢固地粘结在一起，形成整体空心玻璃砖。空心玻璃砖在生产中可以根据设计要求定制尺寸的大小、花样、颜色。无放射性物质与刺激性气味元素，属于绿色材料（图3-83、图3-84）。

空心玻璃砖主要有透明玻璃砖、雾面玻璃砖、纹路玻璃砖几种产品，玻璃砖的种类不同，光线的折射程度也会有所不同。空心玻璃砖具有隔声、隔热、防水、节能、透光良好等特点，属于非承重装饰材料，装饰效果高贵典雅、富丽堂皇。一般家居空间都不希望出现无光线的房间，即使走道也希望有光线。采用空心玻璃砖砌筑隔墙，既有区分作用，又能将光引领入室内。空心玻璃砖可提供良好的采光效果，并有延续空间的感觉。无论是单块镶嵌使用，还是整片墙面使用，皆可有独特的装饰效果。如果将玻璃砖用于外墙、外窗的砌筑，能够使自然采光与室外景色融为一体，并带入室内。空心玻璃砖强度高、耐久性好，能经受住风的袭击，不需要额外的维护结构就能保障安全性。空心玻璃砖可以依照尺寸的变化设计出直线墙、曲线墙及不连续墙（图3-85～图3-88）。

空心玻璃砖不仅可以用于砌筑透光性较强的墙壁、隔断、淋浴间

图3-83 空心玻璃砖（一）

图3-84 空心玻璃砖（二）

图3-85　空心玻璃砖卫生间隔墙（一）

图3-86　空心玻璃砖卫生间隔断（二）

图3-87　空心玻璃砖走道隔墙

图3-88　空心玻璃砖楼梯隔断

等，还可以应用于外墙或室内间隔，给使用空间提供良好的采光效果，并有延续空间的感觉。无论是单块镶嵌使用，还是整片墙面使用，皆有画龙点睛之效。玻璃砖的边长规格一般为195mm，厚度为80mm，价格为15～25元／块。

施工时，除了≤2m²的小面积室内砌筑外，空心玻璃砖之间应采用钢筋作骨架，辅助白水泥或玻璃胶粘结，否则会影响承载强度。

2. 实心玻璃砖

实心玻璃砖的构造与空心玻璃砖相似，由两块中间为圆形的凹陷玻璃体粘结而成。由于是实心构造，这种砖质量比较重，一般只能粘贴在墙面上或依附其他加强的框架结构才能安装，一般只作为室内装饰墙体使用，用量相对较小。实心玻璃砖的颜色比较多，但是大多没有内部花纹，只在表面有磨砂效果（图3-89、图3-90）。

实心玻璃砖也可以砌筑，但是砖体周边没有凹槽，不能穿插钢筋，砌筑高度一般≤1m，砌筑过高容易造成墙体变形、坍塌。在设计时，实心玻

图3-89 实心玻璃砖（一）

图3-90 实心玻璃砖（二）

璃砖的周边一般会布置灯光，在夜间或采光较弱的空间中起到点缀装饰。玻璃砖的边长规格一般为150mm，厚度为60mm，价格为20~30元／块。

实心玻璃砖的施工方法没有特殊要求，可以采用水泥砂浆或玻璃胶固定至相应部位，也可以将其镶嵌至木质构造或金属构造中，安装方法不定，但是要注意连接的牢固度，避免松动、破损而导致安全事故。

3. 玻璃饰面砖

玻璃饰面砖又被称为三明治玻璃砖，它是采用两块透明的抗压玻璃板，在其中间的夹层随意搭配其他材料，最终经热熔而成。其中夹入金属、贝壳、树皮等各种具有装饰效果的物品，装饰效果独特，晶莹透亮，很多厂商都将设计作为这种产品的开发重心（图3-91）。

玻璃饰面砖离不开墙体或框架结构的依托，因此用量不大，一般都与常规墙、地砖配套使用，镶嵌在墙、地砖的铺装间隙。玻璃饰面砖的

图3-91 玻璃饰面砖样式

图3-92　抚摸表面　　　　　　　图3-93　测量边长

边长规格一般为150～200mm，厚度为30～50mm，具体规格根据厂商设计开发来定，价格为50～80元／块。

施工时，玻璃饰面砖周边应采用中性玻璃胶封边固定，防止其松动或脱落。

4. 识别方法

玻璃砖制品的价格较高，在选购中要注意识别质量。其中外观识别是重点，玻璃砖的表面品质应当精致、细腻，不能存在裂纹，玻璃坯体中不能有不透明的未熔物，两块玻璃体之间的熔接应当完全密封，不能出现任何缝隙。目测砖体表面，不能出现涟漪、气泡、条纹等瑕疵（图3-92）。玻璃砖表面的内心面里凹陷应＜1mm，外凸应＜2mm，外观无翘曲及缺口、毛刺等缺陷，角度应平直。可以用卷尺测量砖体各边的长度，看是否符合产品包装上标称的尺寸，误差应＜1mm（图3-93）。

五、装饰面砖施工

在家居装修中，装饰面砖的施工是一项技术性极强且非常耗费工时的项目，选购的优质材料还需精湛的工艺得以完成。一直以来，装饰面砖的铺装水平都是衡量材料质量的重要参考依据。很多业主可以自己动手铺装瓷砖，但是现代装修所用的墙砖块体越来越大，如果不得要领，铺装起来会很吃力，而且效果也不好。

1. 墙面砖铺装施工

一般铺装卫生间、厨房墙面瓷砖需要5～7d，加上餐厅、门厅等空间的局部墙砖铺装，则时间会更长。

1）施工步骤

首先，铺装前应先清理墙面基层，铲除水泥结块，平整墙角，但是注意不要破坏防水层（图3-94）。同时，选出用于墙面铺装的瓷砖浸泡在水中3~5h后取出晾干（图3-95）。

然后，配置1∶1水泥砂浆或素水泥待用，对铺装墙面洒水，并放线定位，精确测量转角、管线出入口的尺寸并裁切瓷砖。

接着，在瓷砖背部涂抹水泥砂浆或素水泥，从下至上准确粘贴到墙面上，保留的缝隙要根据瓷砖特点定制。

最后，采用瓷砖专用填缝剂填补缝隙，使用干净抹布将瓷砖表面擦拭干净，养护待干。

2）施工准备

选砖时要仔细检查墙面砖的几何尺寸、色差、品种，以及每一件的色号，防止混淆，产生色差。铺装墙面如果是涂料基层，必须洒水后将涂料铲除干净并且打毛，方能施工。施工前应检查基层的平整度，可用1∶3水泥砂浆找平。

3）墙砖铺装

确定墙砖的排版，在同一墙上的横竖排列，不宜有一行以上的非整砖，非整砖行排在次要部位或阴角处，不能安排在醒目的装饰部位。用于墙砖铺装的水泥砂浆体积比一般为1∶1，也可用素水泥铺装（图3-96）。墙砖粘贴时，缝隙应≤1mm，横竖缝必须完全贯通，严禁错缝，墙砖误差＞1mm，砖缝缝宽调宽至2mm。墙砖铺装时应用1m长

图3-94　基层处理

图3-95　墙砖浸水

的水平尺检查平整度，误差为＜1mm，用2m长的水平尺检查，误差应＜2mm，相邻砖之间不能有误差（图3-97）。

4）铺装细节

墙砖镶贴前必须找准水平及垂直控制线，垫好底尺，挂线镶贴。镶贴后应用同色水泥浆勾缝，墙砖粘贴时必须牢固，不空鼓，无歪斜、缺楞、掉角、裂缝等缺陷。腰线砖在镶贴前，要检查尺寸是否与墙砖的尺寸相协调，下腰线砖下口离地≥800mm，上腰带砖离地1800mm。墙砖贴阴阳角必须用角尺定位，墙砖粘贴如需碰角，碰角要求非常严密，缝隙必须贯通。墙砖镶贴要用橡皮锤敲击固定（图3-98），砖缝之间的砂浆必须饱满，严防空鼓，墙砖的最上层铺装完毕后，应用水泥砂浆将上部空隙填满，以防在制作扣板吊顶钻孔时破坏墙砖（图3-99）。

5）构造铺装

墙砖与固定洗面台、浴缸等设备的交接处，应在洗面台、浴缸安装完毕后再行铺装。墙砖在开关插座的暗盒处应该切割严密，当墙砖贴好

图3-96　涂抹水泥浆

图3-97　墙砖铺贴

图3-98　墙砖整平

图3-99　铺装高度

★装修顾问★

橱柜背后也要贴满墙砖

如今许多家庭都会购买成套橱柜，不能认为橱柜背后挡住的空间反正也看不见，就让墙壁裸露着，应该在橱柜背后也铺满墙砖。墙砖是厨房墙面防水层最好的保护物，它能大大减少厨房潮气对橱柜的侵蚀，防止橱柜发霉变形。高档墙砖会根据厨房特点加入防潮、防酸等材料，更加适宜厨房复杂的环境。由于墙砖规格不同，橱柜地台面不一定与砖的接缝吻合。如果橱柜背后贴有墙砖，就不必胡乱切砖贴补，影响美观。

上开关面板时，面板不能存在盖不住的现象（图3-100）。墙砖镶贴时，遇到开关面板或水管的出水孔在墙砖中间时，墙砖不允许断开，应用电钻严密转孔。墙砖镶贴时，应考虑与门洞平整接口，门边框装饰线应完全将缝隙遮掩住，检查门洞垂直度。墙砖铺完后1h内必须用专用填缝剂勾缝，并保持墙砖表面清洁（图3-101）。

2. 地面砖铺装

地面砖一般为高密度瓷砖、抛光砖、玻化砖等，铺装的规格较大，不能有空鼓存在，铺装厚度也不能过高，避免与地板铺设形成较大落差，因此，地面砖铺装难度相对较大。

1）施工步骤

首先，应清理地面基层，铲除水泥疙瘩，平整墙角，但是不要破坏楼板结构（图3-102）。

然后，配置1∶2.5水泥砂浆待干，对铺装地面洒水，放线定位，精确测量地面转角与开门出入口的尺寸，并对地面砖进行裁切。普通釉面

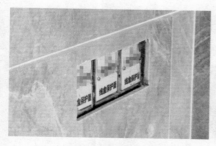
图3-100 预留开关插座位置

图3-101 表面清洁

图3-102　基层处理

图3-103　地砖浸水

砖与抛光砖仍需浸泡在水中3~5h后取出晾干（图3-103），将地砖预先铺设并依次标号。

　　接着，在地面上铺设平整且较干的水泥砂浆，依次将地砖铺装到地面上，保留的缝隙根据瓷砖特点定制。

　　最后，采用专用填缝剂填补缝隙，使用干净抹布将瓷砖表面的水泥擦拭干净，养护待干。

　　2）施工准备

　　地面上刷一遍素水泥浆或直接洒水，注意不能积水，防止通过楼板缝渗到楼下。已经做过装修的原地面需进行凿毛处理。当地面高差超过20mm时，就要做一遍水泥砂浆找平层。地砖铺设前必须全部开箱挑选，选出尺寸误差大的地砖单独处理或是分房间、分区域处理，选出有缺角或损坏的砖重新切割后用于镶边或镶角，有色差的地砖可以分区使用。

　　3）地砖铺装

　　地砖铺装前应经过仔细测量，再通过计算机绘制铺设方案，统计出具体地砖的数量，以排列美观和减少损耗为目的，并且重点检查房间的几何尺寸是否整齐。使用1:2.5水泥砂浆，砂浆应为干性，手捏成团稍出浆，粘结层厚度应≥12mm，灰浆饱满，不能空鼓（图3-104~图3-106）。普通瓷砖与抛光砖在铺装前要充分浸水后才能使用。铺装之前要在横竖方向拉十字线，地砖之间的缝宽为1mm左右，不能>2mm。要注意地砖是否需要拼花或是按统一方向铺装，切割地砖一定要准确，预留毛边位后打磨平整、光滑。

4）铺装细节

地砖铺设时应随铺随清，随时保持清洁干净，可以采用棉纱或锯末清扫。地砖铺装的平整度要用长1m以上的水平尺检查，相邻地砖高度误差应≤1mm（图3-107）。地砖铺装施工时，其他工种不能污染或踩踏。地砖勾缝在24h内进行，随做随清，并做养护和一定保护措施。地砖空鼓现象应控制在1%以内，在主要通道上的空鼓地砖必须返工。

3．锦砖铺装施工

锦砖具有砖体薄、自重轻等特点，铺装时要保证每个小砖块都紧密粘结在砂浆中，这在铺装施工中难度最大。

1）施工步骤

首先，应清理墙、地面基层，铲除水泥结块，平整墙角，但是不要破坏防水层。同时，选出用于铺装的玻璃锦砖（图3-108）。

图3-104 水泥砂浆铺装

图3-105 涂抹水泥浆

图3-106 地砖整平

图3-107 铺装找平校对

图3-108 选出锦砖

然后，配置1：1水泥砂浆或素水泥待用，对铺装墙、地面洒水，并放线定位，精确测量转角、管线出入口的尺寸并裁切玻璃锦砖。

接着，在铺装界面与玻璃锦砖背部分别涂抹水泥砂浆或素水泥，依次准确粘贴到墙面上，保留缝隙根据玻璃锦砖特点定制。

最后，揭开玻璃锦砖的面网，采用玻璃锦砖专用填缝剂擦补缝隙，使用干净抹布将玻璃锦砖表面的水泥擦拭干净，养护待干。

2）施工准备

施工前要剔平墙面凸出的水泥、混凝土，对于混凝土墙面应凿毛，并用钢丝刷全面刷一遍，然后浇水润湿。根据玻璃锦砖的规格尺寸设点做标筋块，放线定位。铺装玻璃锦砖前应根据计算机绘制的图纸放出施工大样，根据高度弹出若干条水平线及垂直线。弹线时，应计算好玻璃锦砖的数量，使两线之间保持整张数。如果有分格要求，需按总高度均分，根据设计与玻璃锦砖的品种、规格定出缝宽。但同一面墙不能有1块以上的非整砖，并应将非整砖安排在隐蔽处，如墙角、门框边缘处，也可以刻意预留出来，放置在坐便器、盥洗台背后。

3）锦砖铺装

铺装时在墙面上抹薄薄一层1：1水泥砂浆或素水泥，厚度3～5mm，用靠尺刮平，用抹子抹平。同时将玻璃锦砖铺在木板上，砖面朝上，向砖缝内灌白水泥素浆。如果是彩色玻璃锦砖，可以灌彩色水泥。缝灌完成后，用含水量适当的刷子刷一遍，随后抹上厚1～2mm的素水泥浆或聚合物水泥浆作为粘结灰浆。最后将四边余灰刮掉，对准横竖弹线，逐张往墙上贴。

4）铺装细节

在铺装玻璃锦砖的过程中，必须掌握好时间，其中抹墙面粘结层、抹锦砖粘结灰浆、往墙面上铺装这三步工序必须连续完成，如果时间掌握不好，等灰浆干结脱水后再贴，就会导致粘结不牢进而出现脱粒现象。玻璃锦砖粘贴完毕后，将拍板紧靠衬网面层，用小锤敲木板，做到满拍、轻拍、拍实、拍平，使其粘结牢固、平整。玻璃锦砖铺装30min后，可用长毛刷蘸清水润湿玻璃锦砖面网，待纸面完全湿透后，自上而下将纸揭下。操作时，手执面网上方两角，动作、角度要与墙面平行一致，保持协调，以免牵动玻璃锦砖砖块（图3-109）。

图3-109　阳角处理

4. 玻璃砖砌筑施工

玻璃砖砌筑施工难度最大，属于较高档次的铺装工程。先清理砌筑墙、地面基层，铲除水泥疙瘩，平整墙角，但是不要破坏防水层。

1）施工步骤

首先，在砌筑周边安装预埋件，并根据实际情况采用型钢加固或砖墙砌筑。

然后，选出用于砌筑的玻璃砖，备好网架钢筋、支架垫块、水泥或专用玻璃胶待用。

接着，在砌筑范围内放线定位，从下向上逐层砌筑玻璃砖，如果是户外施工要边砌筑边设置钢筋网架，使用水泥砂浆或专用填缝剂填补砖块之间的缝隙（图3-110、图3-111）。

图3-110　安装支架垫块

图3-111　填缝剂修补

最后，采用玻璃砖专用填缝剂填补缝隙，用干净的抹布将玻璃砖表面的水泥或玻璃胶擦拭干净，养护待干。必要时对缝隙进行防水处理。

2）施工准备

玻璃砖墙体施工时，环境温度应＞5℃。一般适宜的施工温度为5～30℃。温差比较大的地区，玻璃砖墙施工时需预留膨胀缝。用玻璃砖制作浴室隔断时，也要求预留膨胀缝。砌筑大面积外墙或弧形内墙时，也需要考虑墙面的承载强度和膨胀系数。

3）玻璃砖砌筑

玻璃砖墙宜以1500mm高为一个施工段，待下部施工段胶结材料达到承载要求后再进行上部施工。当玻璃砖墙面积过大或过小时，应在周边增加砖墙支撑。室外玻璃砖墙的钢筋骨架应与原有建筑结构牢固连接，墙基高度一般应≤150mm，宽度应比玻璃砖厚20mm。玻璃砖隔墙的顶部和两端应该使用金属型材加固，槽口宽度要比砖厚10～18mm。当隔墙的长度或高度≥1500mm时，砖间应该增设6～8mm钢筋，用于加强结构，玻璃砖墙的高度应≤4000mm。

4）砌筑细节

玻璃砖隔墙两端与金属型材两翼应留有≥4mm的滑动缝，缝内用弹性泡沫密封胶填充，玻璃砖隔墙与金属型材腹面应留有＞10mm的胀缝，以适应热胀冷缩。玻璃砖最上面一层砖应伸入顶部金属型材槽口内10～25mm，以免玻璃砖因受刚性挤压而破碎。玻璃砖之间接缝宜在10～30mm之间。玻璃砖与外框型材，以及型材与建筑物的结合部，都应用弹性泡沫密封胶密封。玻璃砖应排列整齐、表面平整，用于嵌缝的密封胶应饱满密实。

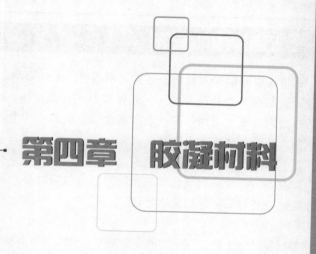

第四章　胶凝材料

第四章　胶凝材料

> 胶凝材料就是胶粘剂，又被称为胶水，是家居装修必不可少的材料，它能快速粘结各种装饰材料，相对于钉子、螺栓等固件连接而言，胶凝材料具有成本低廉、施工快速、操作方便等优势，以往只能运用于木材、塑料、壁纸等轻质材料，现在逐渐覆盖整个装修领域，是不可或缺的重要装饰材料。

一、石材砖材胶粘剂

　　石材砖材胶粘剂主要用于各种天然石材、人造石材、陶瓷墙地砖等自重较大的装饰块材胶粘施工，这类胶粘剂种类繁多，质量参差不齐，目前在国内市场上运用较多，且质量比较稳定的产品主要有TAM与TAS胶粘剂，及配套产品TAG勾缝剂。

1. TAM与TAS胶粘剂

　　TAM与TAS胶粘剂是近年来出现的新型胶凝材料，可以取代传统水泥砂浆粘贴各种石材与陶瓷墙地砖。

　　1）TAM胶粘剂

　　TAM胶粘剂全称为TAM型通用胶粘剂，是以水泥为基材，掺入聚合物改性材料等混合而成的一种白色或灰色粉末TAM胶粘剂（图4-1、图4-2）。

　　TAM胶粘剂在使用时只需加水即能获得黏稠的胶浆，它具有耐水、

图4-1　TAM胶粘剂（一）

图4-2　TAM胶粘剂（二）

图4-3 抹子整平

图4-4 瓷砖铺装

耐久性好，操作方便，价格低廉等特点。尤其是使用TAM胶粘剂粘贴墙面砖，在砖材固定5min内仍能旋转90°，而不会影响粘结强度。

　　TAM胶粘剂适用于粘贴面积较小的家居空间，如在门厅、餐厅、客厅、走道等空间局部墙面粘贴石材、瓷砖等块材（图4-3、图4-4）。由于TAM胶粘剂采用单组份包装，粘结强度不及TAS胶粘剂，一般适用于粘贴自重不大的块材，如中等密度陶瓷砖或厚度≤15mm的天然石材，粘贴高度应<3m。

　　TAM胶粘剂的包装规格一般为20kg／袋，价格为60～80元／袋，每袋粘贴面积一般为4～5m²。

　　TAM胶粘剂的使用效果与施工环境、技术有密切关系。在施工前要将施工表面清理干净，保证粘贴界面无空鼓、无油污、蜡渍、脱模剂等其他松散物，铺装过的表面应作凿毛处理，至少暴露80%的原表面。混凝土构造完成后，应养护至少28d才能铺装。新抹灰的墙面应养护至少7d才能铺装。旧混凝土与抹灰表面可使用工业洗涤剂或去油污剂清洁，然后用高压水龙头冲洗干净，其表面晾干24h后才能铺装。在吸水率大的基层表面施工或在高温、干燥的环境下施工，最好预先润湿铺装表面。

　　TAM胶粘剂搅拌混合要严格控制比例。将胶粘剂倒入清水中搅拌成膏状，一般应先加水后再倒入粉剂，搅拌时可使用人工或电动搅拌机。混合比例应按产品包装上的说明书执行，一般为胶粘剂：水＝4：1，必要时可以根据产品包装说明掺入一定比例的配套添加剂，如促凝剂、增稠剂等。充分拌合后以完全无粉团为合格，搅拌完毕后需静止放置约10min后再简单搅拌即可使用，能进一步增加粘结力。

使用TAM胶粘剂铺装石材或瓷砖，应采用齿形刮板将胶浆涂于铺装界面上，使之均匀分布，并形成一条条齿状，铺装厚度为2～3mm。每次涂布约1m²左右（视天气温度而定），然后在晾置时间内将块材揉压于上即可。注意选择齿形刮板大小，同时应考虑工作面的平整度与材料背面的凹凸程度，如果瓷砖背面的沟隙较深或石材、瓷砖较大较重，则应进行双面涂胶，即在铺装界面与砖材背面同时涂上胶粘剂。粘贴面积一般应≤500mm×500mm，厚度≤15mm的块材。如果块材的铺装面积与厚度超过上述规格或说明书标准，就要先进行现场粘贴试验，以确定其是否适宜采取无钉粘贴。

TAM胶粘剂施工温度应为5～35℃，加水的混合比例可以根据底材、天气、施工条件等不同而做出适当调整，调和好的胶粘剂应根据天气条件控制在2～3h内使用完毕。不能将已干结的胶浆拌水后再用。铺装完毕后，须待胶浆完全干固后（约24h）才能进行下一步填缝工序。

2）TAS胶粘剂

TAS胶粘剂全称为TAS型高强度耐水胶粘剂，是一种双组份的胶粘剂，即分为A、B两种包装，使用时将二者混合使用，具有耐水、耐气候以及耐多种化学物质侵蚀等特点（图4-5、图4-6）。

TAS胶粘剂的强度较高，可在混凝土、钢材、玻璃、木材等材料的表面粘贴石材或瓷砖。TAS胶粘剂分为本胶与硬化剂两种包装，两种材

图4-5　TAS胶粘剂（一）

图4-6　TAS胶粘剂（二）

料相混才能硬化，无须靠温度或空气氧化硬熟，属于常温硬化胶。

　　TAS胶粘剂具有很高的粘结强度，使用效果比TAM胶粘剂要好，但是价格也更高。在使用中存在一些不足，如固化时间长、手工混合不匀易影响固化质量、气味较重等问题。因此，在使用时多采用点胶的方式铺装石材、瓷砖，即在铺装材料的背后与铺装界面上局部点涂TAS胶粘剂。施工时，将A、B两种胶粘剂预先调和，两种胶粘剂混合均匀，然后装在打胶器上，最后再将胶粘剂涂到需要粘结的部位，呈点状涂抹（图4-7、图4-8）。

　　TAS胶粘剂适用于在厨房、卫生间、阳台等潮湿空间的墙面上铺装石材、砖材，尤其在家具、构造上局部铺装石材、瓷砖。铺装效率要比TAM胶粘剂更高，1名熟练的施工员可铺装25m^2／d。但是采用点胶的铺装方式不适合地面铺装，因为砖材与地面基层之间存在缝隙，受到压力容易破裂。TAS胶粘剂的包装规格一般2桶（A、B各1桶），5kg／桶，价格为100～200元／组，每组粘贴面积一般为4～5m^2。

　　TAS胶粘剂的使用效果与施工环境、技术有密切关系。对施工界面的要求与TAM胶粘剂一致。施工环境应保持常温25℃左右，温度对于胶水的可使用时间与固化时间有很大的影响。对各种块材进行点胶时，要保持工作台面尽量平稳，以免出现流胶、露胶，点不平整的状况。点胶的距离为200～300mm，块材背面与铺装界面相对应的部位都应点胶。点胶后5min内将块材对压至相应界面上，并作及时微调，24h后才能完全固化，调好的胶粘剂应在2h内用完。

图4-7　TAS胶粘剂调和

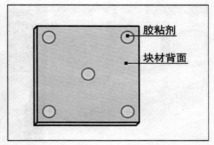

图4-8　块材背后点胶示意

　　TAS胶粘剂必须严格按重量比进行混合，如果B剂偏多，则会加速固化使胶水偏硬，甚至不能干燥，如过B剂组份偏少，则固化速度减慢使胶水偏软，甚至不能干燥。TAS胶粘剂必须密封保存在阴凉通风处，避免高温或阳光照射。倒出未用完的胶不能倒回原来大桶包装中，带入的杂质成分会使整桶胶水报废。每次点胶量以200g为佳，用量过多或过少均会影响铺装效果。

2. TAG填缝剂

　　TAG填缝剂是一种粉末状的物质，由多种高分子聚合物与彩色颜料制成，弥补了传统白水泥填缝剂容易发霉的缺陷，使石材、瓷砖的接缝部位光亮如瓷（图4-9、图4-10）。

　　TAG填缝剂凝固后在砖材缝隙上会形成光滑如瓷的洁净面，具有耐磨、防水、防油、不沾污等优势，能长期保持清洁、一擦就净，能保证宽度≤3mm的接缝不开裂、不凹陷。TAG填缝剂的硬度、粘结强度、使用寿命等方面都优于传统填缝剂，可彻底解决普遍存在的砖缝脏黑且难清洁的问题，能避免缝隙孳生霉菌危害人体健康。TAG填缝剂颜色丰富，自然细腻，有光泽，不褪色，具有很强的装饰效果，各种颜色能与各种类型的石材、瓷砖相搭配。

　　TAG填缝剂主要用于石材、瓷砖铺装缝隙填补，是石材、瓷砖胶粘剂的配套材料。TAG填缝剂常用包装为每袋1～10kg不等，价格为5～10元／kg。

　　在施工过程时，当被填缝物粘牢后，先将缝内清洗干净，无杂物与

图4-9　TAG填缝剂（一）

图4-10　TAG填缝剂（二）

★装修顾问★

石材砖材胶粘剂的发展

传统的石材砖材胶粘剂多为水泥砂浆，其粘结力弱、耐久性差，容易剥落，而且采用搅拌施工的方式，配比不稳定，影响瓷砖的耐久性，浪费了原料，还影响施工速度，污染环境，其安全性得不到保证。

石材砖材胶粘剂进入我国市场已经有10多年了，但是市场占有率仅为3%。主要是因为市场认知度不高。装修业主与施工员对石材砖材胶粘剂的认识不够，不愿承担新材料、新工艺的使用风险。装修业主认为一直以来都是使用水泥砂浆作为粘结材料使用，只要能将石材、砖材粘贴上墙就可以了，至于粘贴多久，会不会掉下来等问题是不会过多考虑的。这种消费习惯在短时间内很难改变。但是随着装修市场的劳动力价格的不断提高，搬运传统河砂、水泥的费用也在不断上涨，使用成品石材砖材胶粘剂将会逐渐成为新的趋势。

此外，采用传统水泥砂浆铺装法，1名熟练施工员只能铺装8m² / d，而采用石材砖材胶粘剂进行铺装，施工面积达20m² / d以上，大幅度提高了施工效率。

积水，按产品包装上的说明比例调配，一般为填缝剂：水 = 4：1，将清水加入填缝剂中调成膏状，静置10min后，再简单搅拌即可使用（图4-11）。待填缝剂初步固化后，用微湿的干净抹布将缝隙表面多余的填缝剂清理干净。待24h后，用干燥的抹布进一步清洁，固化后的彩色填缝剂有防水功能（图4-12）。TAG填缝剂要在干燥通风处保存，保质期一般为1年，一次调和量要根据用量而定，不宜调和过多，如未使用完就会硬化，不能再继续使用。

图4-11　TAG填缝剂调和

图4-12　填补缝隙

二、木材胶粘剂

木材胶粘剂是指用于木、竹质材料粘结的专用胶粘剂，目前常用的产品为聚醋酸乙烯胶粘剂。聚醋酸乙烯胶粘剂又被称为白乳胶，是一种乳化高分子聚合物，它是由醋酸与乙烯合成醋酸乙烯，添加钛白粉或滑石粉等粉料，再经过乳液聚合而成的乳白色稠厚液体（图4-13、图4-14）。聚醋酸乙烯胶粘剂无毒无味、无腐蚀、无污染，是一种环保型水性胶粘剂。

聚醋酸乙烯胶粘剂具有常温固化快、成膜性好、粘结强度大、抗冲击、耐老化等特点，其粘结层具有较好的韧性与耐久性。聚醋酸乙烯胶粘剂的固体含量为50±2%，pH值为4~6。聚醋酸乙烯胶粘剂是以水为分散剂，使用安全、无毒、不燃、清洗方便，对木材、竹材等植物纤维材料具有很好的粘结力，固化后的胶层无色透明，韧性好，不污染被粘结物，且乳液稳定性好，储存期可达6个月以上。但是白乳胶的黏度不稳定，在冬季低温条件下容易发生凝固，需加热之后才能使用，不仅给冬期施工带来许多不便，还影响粘结质量。因此，一般要求贮存条件为10℃以上。

聚醋酸乙烯胶粘剂在家居装修中使用方便、操作简单，主要用于木、竹制品粘结，在家具制作、地板铺装等施工中能辅助钉子、螺栓等连接件。也可以用于墙面腻子的调和，或用作水泥增强剂、防水涂料等。聚醋酸乙烯胶粘剂常用包装为每桶0.5kg、1kg、4kg、8kg、18kg等，

图4-13　聚醋酸乙烯胶粘剂（一）

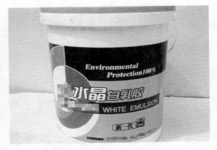

图4-14　聚醋酸乙烯胶粘剂（二）

图4-15　聚醋酸乙烯胶粘剂质地

图4-16　聚醋酸乙烯胶粘剂涂刷

其中18kg包装产品价格为150～200元／桶。

选购聚醋酸乙烯胶粘剂时，最好选择大型建材超市销售的名牌产品，要看清包装及标识说明，注意胶体应该均匀、无分层、无沉淀，开启容器时应无刺激性气味。打开包装后，用木筷搅拌胶粘剂后再挑起来，优质产品的质地显得特别黏稠，且韧性很强，挑起的阻力较大，不会向下流淌。仔细观察胶粘剂表面应呈平滑状态，无任何颗粒或沉淀物，类似奶油般滑嫩（图4-15）。全国各地的聚醋酸乙烯胶粘剂品牌很多，知名品牌产品的包装更新很快，为了避免买到假冒伪劣产品，应及时登陆厂商官网仔细查阅相关品牌的包装特征。

在施工过程中要注意，木材、竹材的含水率应控制为8%～15%，过高或过低都会影响粘结质量。对基层表面进行处理，使基层表面无油污、灰尘或其他杂质。粘结面必须充分接触，涂胶应均匀适量（图4-16）。固化时，可室温固化也可加热固化，最高温度应≤120℃，固化时间因温度不同而不同，可根据实际情况来定。

三、塑料胶粘剂

塑料胶粘剂是指用于塑料材料粘结的专用胶粘剂，目前常用的产品为氯丁胶粘剂、环氧树脂地板胶粘剂、硬质PVC管道胶粘剂等。

1. 氯丁胶粘剂

氯丁胶粘剂又被称为强力万能胶，属于独立使用的特效胶水，使用面广。目前，在装修领域使用较多的氯丁胶粘剂采用聚氯丁二烯合成，是一种以不含三苯（苯、甲苯、二甲苯）的高质量活性树脂及有机溶剂为主要成分的胶粘剂。氯丁胶粘剂为浅黄色液态，其结构比较规整，又有较大的氯原子，结晶性高，在室温下具有较好的粘结性能与较大的内聚强度（图4-17、图4-18）。

氯丁胶粘剂一般为单组份产品包装，使用方便，价格低廉。但是氯丁胶粘剂的耐热性较差，耐寒性不佳，稍具毒性，贮存稳定性差，容易分层、凝胶、沉淀。氯丁胶粘剂适用于防火板、铝塑板、PVC板、胶合板、纤维板、有机玻璃板等多种材料的粘结，尤其常用于各种塑料板材之间的粘结（图4-19）。氯丁胶粘剂常用包装规格为每罐1kg、2kg、5kg、10kg、15kg等，其中1kg包装产品价格为20～30元／罐。

施工时，氯丁胶粘剂的初始粘力大，涂胶于表面后应适当晾置，合拢接触后，便能瞬时结晶，有很大的初始粘结力。粘结强度高，强度建立的速度很快，耐久性好，一旦粘结成功就不能再将粘结面分离，否则很难清理粘结面并作再次粘结。因此，在正式粘结之前，一定要做好前期工作，仔细测量定位并清理粘结面。

2. 环氧树脂地板胶粘剂

环氧树脂地板胶粘剂即为HN-605胶，其特性是粘结强度高、耐酸碱、耐水及其他有机溶剂，适用于各种塑料、橡胶等多种材料的粘结（图4-20）。

环氧树脂地板胶粘剂一般为双组份的胶粘剂，即分为A、B两种包装，使用时将两者混合使用。混合比例为胶粘剂：硬化剂＝1：1，混合后一般应1h以内（15～25℃）用完。环氧树脂地板胶粘剂可耐振动

图4-17　氯丁胶粘剂

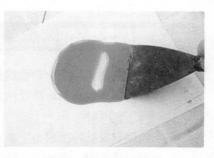

图4-18　氯丁胶粘剂质地

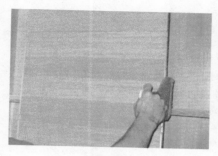

图4-19 氯丁胶粘剂涂刷

图4-20 环氧树脂地板胶粘剂

与冲击而不脱落，可在常温下硬化，在硬化过程中无需特别加热及加压（加热可以增加硬化速度），毫无挥发性气体之产生，硬化后的树脂无味、无臭、无毒，便于使用。

环氧树脂地板胶粘剂主要用于各种塑料地板、地胶铺装，也可以将塑料材料粘结在金属、玻璃、陶瓷、塑料、橡胶材料表面。环氧树脂地板胶粘剂的包装规格一般2罐（A、B各1罐），1~20kg／罐，其中1kg包装产品价格为20~30元／组。也有一些小包装产品用于日常维修保养，使用方便，价格低廉，一般为3~5元／件（图4-21）。

在施工过程中，一般应使用混合点胶器（图4-22），将A、B两种胶混合注入粘结面。被粘结材料表面必须清除油质或污渍。金属材料表面的锈化物，须用360号砂纸研磨，再用三氯乙烷等溶剂洗净后粘结。玻璃与陶器材料表面应洗去油质或污渍后再粘结。硬质合成树脂材料表面应用360号砂纸打磨。橡胶材料应用稀硫酸浸渍5~10min后用清水洗

图4-21 环氧树脂地板胶粘剂

图4-22 混合点胶器

★装修顾问★

不要迷信万能胶

在日常生活中会经常用到万能胶，一般都是指环氧树脂类的胶粘剂。由于日常生活中需要粘结的用品大多为塑料、橡胶、皮革等材料制作，因此使用环氧树脂类胶粘剂效果不错。但是环氧树脂类胶粘剂用于金属、陶瓷、乳胶漆等材料效果就很差了，甚至粘结表面特别光滑的塑料，持久效果也不尽人意。

此外，用环氧树脂类胶粘剂粘结不同属性的材料效果也难持久。因此，在选用胶粘剂时要分析粘结材料的质地特性，粘结前还应将被粘结部位清理干净，或作必要打磨，才能保证粘结效果。

净，待干后再粘结。胶粘剂与硬化剂均匀混合之后，用竹片、抹刀或刷子涂装在基层表面，涂装厚度依其需要而定，然后将接触表面合拢轻压即可。如果胶粘剂沾染在刷子、容器上，可以在胶粘剂硬化前采用肥皂水洗净。

3. 硬质PVC管道胶粘剂

硬质PVC管道胶粘剂种类很多，如816粘胶剂、901粘胶剂等其他各种进口产品，这类胶粘剂主要由氯乙烯树脂、干性油、改性醇酸树脂、增韧剂、稳定剂组成，经研磨后加有机溶剂配制而成，具有较好的粘结能力与防霉、防潮性能，适用于粘结各种硬质塑料管材、板材，具有粘结强度高，耐湿热性、抗冻性、耐介质性好，干燥速度快，施工方便，价格便宜等特点（图4-23）。

硬质PVC管道胶粘剂主要用于PVC穿线管与PVC排水管接头构造的粘结，也可以用于PVC板、ABS板等塑料板材粘结。常用包装有每罐120g、250g、500g、1000g等，其中500g包装的产品价格为10~15元／罐。

塑料胶粘剂的性质虽然与聚醋酸乙烯胶粘剂不同，但是选购方法却基本一致，购买当地市场上的正宗知名品牌即可。

在施工过程中，涂装硬质PVC管道胶粘剂要预先使用0号砂纸将管道接触表面打磨干净，末端削边或倒角（图4-24）。胶接后在1min内固定，24h后方可使用。胶粘剂容器应该放置阴暗通风处，必须与所有易燃原料保持距离，置于儿童拿不到的地方。

图4-23 硬质PVC管道胶粘剂

图4-24 硬质PVC管打磨

四、玻璃胶粘剂

　　玻璃胶粘剂是专门用于玻璃、陶瓷、抛光金属等表面光洁材料的胶粘剂，由于应用较多，也是一种家居常备胶粘剂。玻璃胶粘剂的主要成分为硅酸钠、醋酸、硅酮等。

　　玻璃胶粘剂主要分为硅酮玻璃胶与聚氨酯玻璃胶两大类，其中硅酮玻璃胶是目前家居装修的主流产品，从产品包装上可分为单组份与双组份两类。单组份硅酮玻璃胶的固化是靠接触空气中的水分而产生物理硬化，而双组份则是指将硅酮玻璃胶分成A、B两组分别包装，任何一组单独存在都不能形成固化，但两组胶浆一旦混合就产生固化。

　　市场上常见的是单组份硅酮玻璃胶，按性质又可分为酸性胶与中性胶两种（图4-25、图4-26）。酸性玻璃胶主要用于玻璃和其他材料之间

图4-25 硅酮玻璃胶粘剂（一）

图4-26 硅酮玻璃胶粘剂（二）

的一般性粘结，粘结范围广，对玻璃、铝材、不含油质的木材等具有优异的粘结性，但是不能用于粘结陶瓷、大理石等。中性胶克服了酸性胶易腐蚀金属材料、易与碱性材料发生反应的缺点，因此适用范围更广，可以用于粘结陶瓷洁具、石材等。此外，还有中性防霉胶，是目前家装的应用趋势，防霉效果较好，耐候性更强，粘结更牢固，不易脱落，特别适用于一些潮湿、容易长霉菌的环境，如卫生间、厨房等，其市场价格比酸性胶要高。硅酮玻璃胶有多种颜色，常用的颜色有黑色、瓷白、透明、银灰、灰、古铜等6种。

玻璃胶粘剂主要用于干净的金属、玻璃、抛光木材、加硫硅橡胶、陶瓷、天然及合成纤维、油漆塑料等材料表面的粘结，也可以用于光洁的木线条、踢脚线背面、厨卫洁具与墙面的缝隙等部位。玻璃胶粘剂的常用规格为每支250mL、300mL、500mL等，其中中性硅酮玻璃胶500mL价格为10～20元／支。

选购玻璃胶粘剂要注意品牌，由于用量不大，一般应选用知名品牌产品。在施工时应使用配套打胶器（图4-27），并可用抹刀或木片修整其表面。硅酮玻璃胶的固化过程是由表面向内发展的，不同特性的玻璃胶粘剂表干时间和固化时间都不尽相同，所以若要对表面进行修补必须在玻璃胶粘剂表干前进行。酸性胶、中性透明胶的表干时间一般为5～10min内，中性彩色胶一般应在30min内。玻璃胶的固化时间是随着粘结厚度的增加而增加的，如涂抹12mm厚的酸性玻璃胶，可能需3～4d才能完全凝固，但约24h左右就会有3mm的外层固化。玻璃胶粘剂未固化前可用布条或纸巾擦掉，固化后则须用美工刀刮去或二甲苯、

图4-27　打胶器施工

图4-28　硅酮玻璃胶粘剂封闭边缘

丙酮等溶剂进行擦洗（图4-28）。

　　玻璃胶粘剂应存放于阴凉、干燥处，30℃以下。优质酸性玻璃胶可确保有效保存期12个月以上，一般酸性玻璃胶可保存6个月以上，中性耐候胶可保存9个月以上。如果瓶子已打开，应尽快在短期内使用完，如果未用完，胶瓶必须密封，再次使用时应旋下瓶嘴，并去除所有堵塞物或更换瓶嘴。

　　在施工中，玻璃胶粘剂应采用专用打胶器进行施工，最常出现的问题是变黑发霉，即使是使用防霉玻璃胶也不能完全避免此类问题的发生。因此，在长期有水或浸水的地方不宜施工。酸性玻璃胶在固化过程中会释放出刺激性的气体，有刺激眼睛与呼吸道的作用，因此一定要在施工后打开门窗，待完全固化后并等气体散发完毕后才能入住。这种气体将在固化过程中消失，固化后将无任何异味。

五、901建筑胶水

　　901建筑胶水是以聚乙烯醇、水为主要原料，加入尿素、甲醛、盐酸、氢氧化钠等添加剂制成的胶水（图4-29、图4-30）。一般认为，901建筑胶水中所含甲醛较少，基本在国家规定的范围以内，相对于传统107与801胶水而言较为环保，这也是目前家居装修墙面施工基层处理的主要材料。

　　901建筑胶水是传统801建筑胶水是107建筑胶水的改良产品，是在生产107胶水过程中加入的一套生产工序，即用尿素缩合游离甲醛成尿

图4-29　901建筑胶水

图4-30　901建筑胶水调和

醛，目的是减少游离甲醛含量，表现为刺激性气味减少，但是很多厂家的生产设备达不到标准，游离甲醛不会被缩合彻底，且尿醛很容易还原成甲醛与尿素。901建筑胶水主要在生产工艺上取得了进一步的提高，传统801建筑胶水的固含量为6%，而901建筑胶水的固含量为4%，在储存、施工过程中，使尿醛不再轻易还原成甲醛与尿素污染环境。

901建筑胶水的常用包装规格为每桶3kg、10kg、18kg等，常见的18kg桶装产品价格为60～80元／桶，知名品牌正宗产品的价格为120～150元／桶，其产品质量有保证。

在施工中，901建筑胶水主要用于配制涂料腻子，也可以添加到水泥砂浆或混凝土中，以增强水泥砂浆或混凝土的粘结强度，起到基层与涂料之间的过渡作用。901建筑胶水＋双飞粉（图4-31）＋熟胶粉（图4-32）的混合物被称为涂料腻子，在涂料、壁纸施工前用于基层处理。

图4-31 双飞粉

涂装工程的质量，取决于腻子、涂料、施工三者的质量。优质901建筑胶水打开包装后无任何异味，搅拌时黏稠度适中，质地均匀且呈透明状。在施工过程时，901建筑胶水应在施工现场调配，应按包装说明与其他材料按比例均匀搅拌，一般不宜直接使用，不能将配制好的成品材料长时间存放。正宗901建

图4-32 熟胶粉

图4-33 袋装建筑胶水

筑胶水为桶装产品，其他袋装产品易挥发易破损，不宜选购（图4-33）。

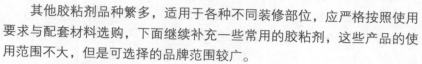

六、其他胶粘剂

其他胶粘剂品种繁多，适用于各种不同装修部位，应严格按照使用要求与配套材料选购，下面继续补充一些常用的胶粘剂，这些产品的使用范围不大，但是可选择的品牌范围较广。

1. 壁纸胶

壁纸胶是指专用于壁纸、墙布等材料粘贴的胶粘剂，主要分为甲基纤维素壁纸胶与淀粉壁纸胶两类，是取代传统液态胶水的新型产品，其特点是粘结力好，无毒无害，使用方便，干燥快速。

1）甲基纤维素壁纸胶

甲基纤维素壁纸胶具有纯天然、无毒无味、防潮防霉、可抗温差变化、不易结块，粘贴力强等特性，且与石灰、混凝土等碱性材料溶解快速，其pH值呈中性，以粉末状态保存防潮效果好，加水调配成胶液后保存时间很长，在潮湿环境中抗脱落性能很好，其施工准备时间需要30min（图4-34）。

2）淀粉壁纸胶

淀粉壁纸胶主要采用植物淀粉为原料生产，不含甲醛等有害物质，它具有经济实用、使用方便、强力配方、粘贴牢固等特性，其pH值呈碱性，粉末保存容易结块，胶液状态保存时间短，必须立即使用，其施工准备时间仅需要5min（图4-35）。

图4-34　甲基纤维素壁纸胶

图4-35　淀粉壁纸胶

现代壁纸胶一般为分解包装产品，即分为基膜、胶粉、胶水等3个包装。价格为60~150元／组，每组可铺装普通壁纸约12~15m²。此外，壁纸胶产品种类较多，很多为进口产品，如成品桶装胶，其成分不明，但价格确很高，具体可以根据实际条件进行选购（图4-36）。

在施工过程中，调配胶浆时需要塑料筒与搅拌棍，根据壁纸胶包装盒上的使用说明进行调配，边搅动边将胶粉逐渐加入胶水或清水中，直至胶液呈均匀状态为止。原则上是壁纸越重，胶液的加水量越小，不能用温水或热水，否则胶液将结块而无法搅匀。需要注意的是在搅拌好的胶浆中半途续加胶粉会结块而无法再搅拌均匀。胶液不宜太稀，而且上胶量不宜太厚，否则胶液容易从接缝处溢出从而影响粘贴质量。如果条件允许，尽可能采用涂胶器进行施工，其壁纸胶的涂装质量会更好些（图4-37）。

2. 聚氨酯泡沫填充剂

聚氨酯泡沫填充剂全称为单组份聚氨酯泡沫填缝剂，又被称为发泡剂、发泡胶、PU填缝剂，是采用气雾技术与聚氨酯泡沫技术交叉的产品。它是一种将聚氨酯预聚物、发泡剂、催化剂等物料装填于耐压气雾罐中的特殊材料（图4-38）。当物料从气雾罐中喷出时，沫状的聚氨酯物料会迅速膨胀并与空气或接触到的基体中的水分发生固化反应，从而形成泡沫。固化后的泡沫具有填缝、粘结、密封、隔热、吸声等多种效果，是一种环保节能，使用方便的装修填充材料。

聚氨酯泡沫填充剂适用于密封堵漏、填空补缝、固定粘结、保温隔声，尤其适用于成品门窗与墙体之间的密封堵漏及防水。它具有施工方

图4-36　进口壁纸胶

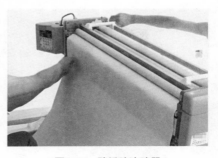

图4-37　壁纸胶涂胶器

便快捷、现场损耗小、使用安全、性能稳定、阻燃性好等优势，可粘附在混凝土，涂层，墙体，木材及塑料表面。聚氨酯泡沫填充剂常用包装为每罐500mL、750mL，其中750mL包装的产品价格为15～25元／罐。

在施工过程中，首先，去除施工表面的油污和浮尘，并在施工表面喷洒少量水，将聚氨酯泡沫填充剂罐摇动至少1min左右，确保罐内物料均匀。

然后，将塑料喷罐旋紧于阀门螺纹上，将塑料管对准缝隙，按下喷头开关即可喷射（图4-39）。喷射时注意行进速度，通常喷射量至所需填充体积的50%即可。填充垂直缝隙时应由下往上，填充顶面缝隙时，由于未固化的泡沫可能会下坠，因此应在填充后进行适当支撑，待泡沫固化并与缝壁粘结后再撤离支撑。

接着，待10min左右泡沫表面凝固，一般待2h后才会完全固化，采用美工刀进行切割，切去多余部分的泡沫（图4-40、图4-41）。

最后，根据需要在其表面用水泥沙浆、成品腻子、涂料或硅胶进行

图4-38 聚氨酯泡沫填充剂

图4-39 聚氨酯泡沫填充剂施工

图4-40 发泡膨胀

图4-41 切割整齐

覆盖装饰。

施工时应注意，聚氨酯泡沫填充剂罐的最佳使用温度为18~25℃。低温情况下，可以将填充剂罐放置在30℃环境中恒温30min后再使用，以保证其最佳性能。固化后的泡沫耐温范围一般为35~80℃。未固化的泡沫对皮肤与衣物有黏性，使用时不能触及皮肤或衣物。聚氨酯泡沫填充剂罐内有5~6kg／cm²（25℃）的压力，储存和运输过程中温度应＜50℃，且远离明火，以防发生罐体爆炸。

3. 压敏胶

压敏胶是指对压力具有敏感性的胶粘剂，主要用于制作压敏胶带。压敏胶的主要成分为橡胶、树脂、增塑剂、填料等添加剂。市场上主要产品为封箱胶带、透明胶带、电工胶带、墙缝胶带等，其中电工胶带与墙缝胶带主要用于装修施工。

1）电工胶带

电工胶带全名为聚氯乙烯电气绝缘胶粘带，又被称为电工绝缘胶带、绝缘胶带、PVC电气胶带等（图4-42、图4-43）。电工胶带以聚氯乙烯薄膜为基材，涂以橡胶型压敏胶制造，它具有良好的绝缘、耐燃、耐电压、耐寒等特性，适用于电线接驳、电子零件的绝缘固定，有红、黄、蓝、白、绿、黑、透明等颜色。电工胶带价格低廉，宽度15mm，价格为1~2元／卷，少数品牌产品为3~5元／卷，厚度较大。

在选购电工胶带时要注意产品质量。首先，关注压敏胶的质量优劣，压敏胶必须具有足够的粘合强度，才能保证粘合后电线能正常使

图4-42　电工胶带

图4-43　电工胶带粘贴

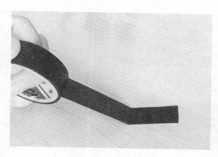

图4-44　粘合强度

图4-45　拉扯测试

用。然后，注意黏度，如果黏度太大，则涂层较厚、耗胶量大、干燥减慢，直接影响黏合强度；如果黏度太小，则涂层较薄、干燥过快、易出现粘合不良等问题，可以将电工胶布粘在比较光滑的材料上再揭开，以阻力均衡为佳（图4-44）。接着，注意干燥速度，电工胶布粘贴后能立即发挥作用，将电线粘结在一起，没有任何延迟，可以随时进入下一步工序。最后，关注电工胶布的抗拉伸强度，用力平直地拉伸电工胶布，不应轻松断裂，应该使用刀具割断或撕裂（图4-45）。

　　施工时，将胶布缠绕电线5圈左右即可，缠绕过厚不仅不利于散热，还会占用不少安装空间，使接线暗盒内显得拥挤。

　　2）墙缝胶带

　　墙缝胶带又被称为墙缝纸带或自粘胶带，是采用压纹纸为基础，在表面涂上树脂型压敏胶加工而成的胶带产品（图4-46、图4-47）。树脂型压敏胶的粘结强度没有橡胶型压敏胶强，但是吸附性能好，剥离干

图4-46　墙缝胶带（一）

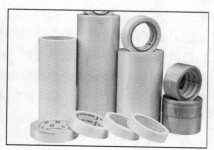

图4-47　墙缝胶带（二）

图4-48　胶带粘贴（一）　　　　　　图4-49　胶带粘贴（二）

脆，适用于较粗糙的纸张、墙壁、水泥等材料表面粘贴，适应性更强。墙缝胶带主要用于木质板材接缝、石膏板接缝、墙体裂缝等部位（图4-48、图4-49），还可以用于油漆涂料喷涂施工的边界封闭。墙缝胶带价格低廉，宽度为10～60mm，价格为0.5～3元／卷。

在选购墙缝胶带时要注意产品质量，基本的选购方法与电工胶带一致，只是应更多关注基层纸张的厚度，优质产品的厚度要大，可以通过拿捏、折叠比较从而得到结论。

在施工过程中，应预先将缝隙填补平整后再粘贴胶带，不能形成空隙，胶带宽度一般为缝隙宽度的5倍左右，对于缝隙宽度≥5mm的构造应粘贴两层胶带，墙缝胶带粘贴后应及时涂刮腻子进行覆盖，以免受潮脱落。

4. 热熔胶

热熔胶是一种可塑性的胶粘剂，主要成分为基体树脂、增粘剂、增塑剂、抗氧剂、填料等（图4-50）。热熔胶在一定温度范围内其物理状态随温度变化而改变，而化学特性不变，无毒无味，属环保型材料。热熔胶粘合是利用热熔胶机通过热力把热熔胶熔解，熔胶后的胶成为一种液体，通过热熔胶机的热熔胶管与热熔胶枪，送到被粘合物表面，热熔胶冷却后即完成了粘合（图4-51、图4-52）。

热熔胶最初用于书籍装帧固定，随着装修行业的发展，热熔胶逐渐应用于木材、塑料、纤维、织物、金属、家具、饰品等材料的粘结，使用效率较高，尤其在家具、墙体、构造等光洁材料表面粘结小饰品或挂件效果独特。

　　为了方便使用，热熔胶的产品形态为胶棒，热熔胶棒一般为白色不透明，无毒害、操作方便，连续使用没有炭化现象，具有粘合快速、强度高、耐老化、无毒害、热稳定性好、胶膜韧性等特点，价格为1元／支。多采用于热熔胶枪施工，非常容易操作，热熔胶枪价格低廉，功率多为25W，10～20元／件，品牌产品具有精确的开断效果、多种多样的喷嘴，这类产品已经很成熟，产品质量较为稳定，选购品牌产品即能获得较好粘结效果（图4-53）。

　　在施工过程中，热熔胶的使用方法比较简单，在装修后期与日常维修中经常会用到。热熔胶枪插上电源前，请先检查电源线是否完好无损、支架是否俱备，已使用过的胶枪是否有倒胶等现象。胶枪在使用前请先预热3～5min，胶枪在不用时应直立于桌面。保持热熔胶条表面干净，防止杂质堵住枪嘴，胶枪在使用过程中若发现打不出胶，应检查胶

图4-50　热熔胶颗粒

图4-51　热熔胶棒

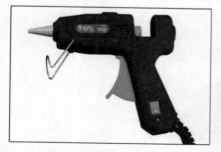
图4-52　热熔胶枪

图4-53　热熔胶粘结

枪是否发热。如果胶枪不能正常发热，原因可能是电源没有插好或胶枪因短路而被烧坏。胶枪倒胶而使胶条变粗，此时只需将胶条轻轻旋转一周并小心地向后拉出小部分，把胶条变粗的部分剥掉，便可继续使用。避免在潮湿环境下使用溶胶枪，湿度会影响绝缘性能，可能会导致触电。喷嘴及熔胶的温度非常高，除手柄外，不可接触其他部分。胶枪连续加热≥15min而没有使用，应切断电源。

参考文献

［1］袁立，李志豪. 当代瓷砖实用宝典［M］. 苏州：苏州大学出版社，2011.

［2］朱永平. 陶瓷砖生产技术［M］. 天津：天津大学出版社，2008.

［3］刘宏志. 石材应用手册［M］. 南京：江苏科学技术出版社，2013.

［4］孟小春. 石材应用与施工［M］. 郑州：黄河水利出版社，2010.

［5］侯建华. 新型建筑材料与施工技术问答丛书建筑装饰石材［M］. 北京：化学工业出版社，2011.

［6］黄世强，孙争光，吴军. 胶粘剂及其应用［M］. 北京：机械工业出版社，2012.

［7］张泽朋. 建筑胶粘剂标准手册［M］. 北京：中国标准出版社，2008.

阅读调查问卷

　　诚恳邀请购书读者完整填写以下内容，填写后用手机将以下信息、购书小票、图书封面拍摄成照片发送至邮箱：jzclysg@163.com，待认证后即有机会获得最新出版的家装图书1册。

姓名：＿＿＿＿＿　性别：＿＿＿　年龄：＿＿＿　学历：＿＿＿＿
年收入：＿＿＿＿　电子邮箱：＿＿＿＿＿＿＿＿　QQ：＿＿＿＿
邮寄地址：＿＿＿＿＿＿＿＿＿＿＿＿＿＿＿＿＿＿＿＿＿＿＿＿＿

您认为本书文字内容如何：□很好　□较好　□一般　□不好　□很差
您认为本书图片内容如何：□很好　□较好　□一般　□不好　□很差
您认为本书排版样式如何：□很好　□较好　□一般　□不好　□很差
您认为本书定价水平如何：□昂贵　□较贵　□适中　□划算　□便宜
您希望单册图书定价多少：□20元以下　□20～25元　□25～30元
□30～35元　□35～40元　□40～45元　□45～50元　□50元以上
您认为本书哪些章节最佳：□1章　□2章　□3章　□4章
您希望此类图书应增补哪些内容（可多选或填写）：
□案例欣赏　□理论讲解　□经验总结　□材料识别　□施工工艺
□行业内幕　□国外作品　□消费价格　□产品品牌　□厂商广告
其他：＿＿＿＿＿＿＿＿＿＿＿＿＿＿＿＿＿＿＿＿＿＿＿＿＿＿＿

请您具体评价一下本书，以便我们提高出版水平（100字以上）：
＿＿＿＿＿＿＿＿＿＿＿＿＿＿＿＿＿＿＿＿＿＿＿＿＿＿＿＿＿＿＿
＿＿＿＿＿＿＿＿＿＿＿＿＿＿＿＿＿＿＿＿＿＿＿＿＿＿＿＿＿＿＿
＿＿＿＿＿＿＿＿＿＿＿＿＿＿＿＿＿＿＿＿＿＿＿＿＿＿＿＿＿＿＿
＿＿＿＿＿＿＿＿＿＿＿＿＿＿＿＿＿＿＿＿＿＿＿＿＿＿＿＿＿＿＿
＿＿＿＿＿＿＿＿＿＿＿＿＿＿＿＿＿＿＿＿＿＿＿＿＿＿＿＿＿＿＿